山野草趣

陶隽超 刘 嘉 编著

吴 鸣 摄影

中国林业出版社

图书在版编目（CIP）数据

山野草趣 / 陶隽超，刘嘉编著；吴鸣摄影. -- 北
京：中国林业出版社，2018.3（2020.4重印）
ISBN 978-7-5038-9471-8

Ⅰ . ①山… Ⅱ . ①陶… ②刘… ③吴… Ⅲ . ①野生植
物 – 基本知识 Ⅳ . ①Q949

中国版本图书馆CIP数据核字(2018)第046488号

中国林业出版社·环境园林出版分社

出 版：	中国林业出版社
	（100009 北京西城区刘海胡同 7 号）
电 话：	010 – 83143566
发 行：	中国林业出版社
印 刷：	固安县京平诚乾印刷有限公司
版 次：	2018 年 5 月第 1 版
印 次：	2020 年 4 月第 2 次印刷
开 本：	710 毫米 ×1000 毫米　1/16
印 张：	11
字 数：	220 千字
定 价：	59.00 元

前　言

　　山野草是日本的一个园艺用词。那么山野草是什么呢？其实并不稀奇，更不神秘，就是源自山野的草，这是一个古典名词，只不过随着时代的发展，山野草的内涵不断丰富，外延逐渐扩展。

　　大自然的花花草草很美，古人看见了常常要把它们采撷回去纳于盆缶、植于园圃，渐渐地就产生了"园艺"，人们从无定向的野采而转向了有目的的培育，以满足对花草不断增长的新需求。同时，那些山野草也就逐渐归化，并产生了众多园艺品种。园艺品种在各种观赏性状和市场供应上往往优于野生的原种，一般更契合人类日趋规则化、概念化的审美和日益膨大的花草需求，因此，慢慢就成了玩赏装饰用花草的主流，替代了原先的野生原种花草。在始终以自然美为天下最美的日本，虽则也是如此，但他们仍旧保留了一部分已经归化的野生花卉用于栽培赏玩，"山野草"这个古老的名字一直沿用，而且作为观赏花草的一个大类常葆青春，人们对山野草也是长爱不弛。

扒扒山野草的美

　　花草的美，无外乎形、色两处，山野草也不例外，但作为一个门类，自有特别的地方，归纳起来大致是野、小、特三个方面，这也是我们欣赏山野草的着眼点。

　　——**野**。时下的山野草以草本为主，也有一些木本植物，包括了原生种、亚种、变种和杂交产生的园艺品种，主要来自东亚的日、韩、中，特别是日、韩两国的一些特有种；还有不少是其他地区的物种，以地中海、高加索地区的为多。也就是说它们都是野草的子子孙孙，多多少少保留着一份野趣是山野草的灵魂所在，目前国内常见的一些禾草类、木贼类、石苇类更是其中的代表。

——小。山野草虽然大、中、小各种形态都有，但更注重的是小而紧凑的品种，就是所谓的"姬""八房"之类，这也是玩家逐求的热点之一。只是这个"小"不是一个绝对的尺寸，而是同种间比较或与同属其他种比较而得的相对概念。其中有野生归化的，一些变种、变型比同种正常的株型都要小得多，较为著名是产自屋久岛的不少种类；一些则是同属不同种的，譬如姬木贼就是一个比其他木贼生得矮小的独立种。还有一类是园艺选育出来的品种，也占了不小的比例，譬如那些小型的万年青。

——特。山野草种类繁多，而每一种类下面还包括了一众品种，诸如大文字草、拟宝珠、万年青、浦岛草等，动辄数百上千，特色之鲜明、数量之多往往让人叹为观止。分析出这些品种是源于日本植物学分类的小种传统，主要依据则基于株型和叶、花、果的形、色，其中最丰富的是叶和花的变化。叶形变化主要体现在叶面褶皱、卷曲以及裂刻、锯齿、单复叶的变化，有狮子、罗纱、缩缅、锯叶、叶分枝、叶柄分枝等等名称；叶色变化主要体现在叶面斑纹的丰富多彩，形状有散斑、条纹、斑块、网纹等，颜色由黄、白、五彩等，依据斑纹的不同排列以及形、色间的不同组合相应产生了许许多多的类别，譬如万年青、石菖是叶片变化最为多样的两类山野草。花形、花色的变化相对叶片而言要简单得多，而且还是以花色变化为主，大文字草、樱茅两大类是以丰富的花色而著称的山野草。上述这些因素单向已经产生了众多品种，再通过不同的组合，更是新品、特品迭出，形成了琐细的山野草特品种体系。

玩出自己的山野草

玩出自己的山野草，就是赏玩山野草既要体现山野草的美，又要显示出本土文化趣向的味道，这盆山野草是有了赏玩者自己想法的"山野草"，是融入我们生活氛围的"山野草"，放在一处，非但不搁疼眼睛，还能越看越有味道，这样方是得到了真趣。这虽然是仁智山水的事，并无成规，但总之只在"适合"两字，需要在配盆、组合和摆放时的席饰等方面略动脑筋，其中又以配盆最为紧要，因为其他或可缺，而盆器则是少不得的。

"佛要金妆，人要衣妆"，花草自然要盆妆。美丽的山野草配上得体的花盆，文质彬彬，放在案头，拿在手上，赏心悦目，隽味难穷，更加美丽。只是作为"绿叶"的盆始终不能夺了种在里面"红花"的风头，永远是配角。因此，配盆不论名头，无关

4

价格，只要形、色相宜，就能尽盆之用，有时一个小茶盅、一块碎瓦片……随手拿来的往往恰能极尽其妙。无论外饰如何，山野草生长健康才是最美的，我们在配盆时，大小、深浅务必要符合山野草的生长习性，确保花草能正常生长，奠定绽放美丽的基础，因着要用某个盆，而削足适履是万万要不得的。

要玩出自己的山野草，用心，努力做到"物吾与也"也是有必要的。花草是一个生命体，有感知，能和你"交流"，你善待了它们，它们会毫不吝啬地反馈给你一片美丽，让你收获一份愉悦，渐渐地，人与草之间就有了感情，如此才能称得上玩出了自己的山野草。因此，把山野草作为一个生命体来尊重是少不得的，那么把山野草养活是首要的。对于一般爱好者来说，最要紧的是选择适生的品种赏玩，只有适生某地、某处生境的品种才容易养好，一味猎奇，或者无谓的攀比对养花草来说都是灭顶之灾。还有，要摈弃把山野草当作"易耗品"的观念，我们得到了一盆山野草，无论贵贱，都要有把它持续养下去的念头，喜之则为明珠，厌之则为敝帚，这对山野草来讲是不地道的。

种好山野草

看过上面这一段，大伙儿可能觉得养山野草似乎有些玄乎。其实，那些絮絮叨叨落到实处，也不是什么难事，就是一句话——种好它。要种好山野草，相关因素有许多，但关键的无非两点，一个是要认得它们，一个是要懂养花的基本知识。

名不正，事不成，莳弄山野草虽然平常，但正名一事同样至关重要，知道正确名字，是养好花草的第一步。养花如果不知道花草的正确名字，就无法明了花草的生长习性，喜阳的，却怕它晒坏；怕湿的，却不让它干着，这样，眼看着一盆盆"花容"变"愁容"，兴致也随着无影无踪了。而且，不知道山野草的名字，天天对着它总是一个疙瘩在心里，乐趣也不能释然。

提供符合山野草生长的要素更是把花草养活的关键，这就需要我们掌握一定的花草养护基本知识，它们所需的温度、光照、水分、湿度、通风、施肥、病虫害防治都要掌握一个"度"，这个度就是要和各种山野草的习性符合，这些在书中各篇都有了详细的叙述，不再赘言了，这里只就种植和用土、施肥、浇水再来说说。种植是养好山野草的基础，主要把握好三点：一是适宜的时间，一般是春、秋两季；二是一定要把土养结实；三是种好后一定要浇透定根水，这三点缺一不可。施肥建议用成品的全价肥料，如果自制肥料那一定要"制"。山野草"吃"的肥料不能等同于人吃的食品和扔掉的餐厨垃圾，牛奶、蛋清、动物内脏、豆渣等等都要经过沤制发酵，稀释到一定浓度后才能浇入盆内，这是因为植物对这些原材料不能吸收，直接使用，会导致植物死亡；这些原材料不经过处理，直接放入盆内，也影响卫生。浇水一定要浇带"氧"的水。节约用水，必须践行，但浇花最好要用干净的新鲜水，污染的和用过的水尽量不要用，这是因为山野草浇水不仅仅是提供水分，还有一个重要功能是通过浇水为植物根系提供氧气，根同样需要呼吸。用土一定要用"干净"的土。建议最好用无土栽培，清洁卫生，易于控制、调节水肥。如果用土壤栽培，也要购买处理过的土壤，减少对植物的污染。

据笔者的知见，国内玩赏山野草大约始自2008年左右，是上海几位玩小型盆景的朋友起的头，后来逐渐化开，近十年来方兴未艾。笔者接触山野草是在2009年，经历了品种由少到多、草名由模糊到清晰、了解由肤浅到深入的转变，本书中收录的80余篇文章都是笔者亲手养护这些山野草所得的总结，照片、插图也都是原创。

这本书的起因在于2016年《花卉盆景》杂志的约稿，开了个"山野草趣"的专栏，连续登载了10篇，这是缘于杂志社古丽老师的力主和梁溪周烨先生的首荐。2017年春夏之交，中国林业出版社张华老师因着这些文章向我征稿，因此就有了这本书，只是仓促成就，舛误难免，以期方家不吝指正。

　　本书的编著主要参考了日本近代出版社 2013 年出版的《山野草栽培全书》以及该社 2014 年以来的《山野草》杂志，还有一部分资料来自日本的山野草相关网站和其他一些国外网站。这本书得以出版，离不开众多师友日常的助益，诸如上海骆建民和冯征、南京古林盆景园、嘉兴嬉松园的品种提供，张眉、冯征对日文资料翻译的协助，刘嘉对草名的核定，王金虎老师在专业方面的把关等，都是不可或缺的；还有，今年大半年的空闲时间都用在了这几本书的编撰上，妻子对家务的全揽也是得以可行的一个重要因素，在此一并致以衷心感谢！

　　因山野草是来自日本的观赏花卉，目前国内尚无系统规模化生产，没有规范的商品名，又鉴于业内人员交流大多用的是日本的汉字写法或日文的译文，所以，本书的标题和目录都采用了日本的汉字写法或日文的译文，并且书后附有山野草中日名称对照表，以便更好地进行普及和推广。

　　书中各种草的排列先按园艺的说法分为蕨类、宿根、球根和木本四大类，四大类下的具体品种按照 APG Ⅲ 分类系统科顺序排列，科内则按属名拉丁名称的首字母排序，同属的种也是如此。只有松虫草一种，仍依旧例标注"川续断科"，排序则按 APG Ⅲ 中把川续断科并入忍冬科的做法。

陶隽超
2017 年 12 月

目　录

球根植物

木本植物

蕨类植物

砥 草

　　砥草是一种蕨类植物，种类繁多，不同种高低、粗细悬殊，富含硅质，草茎粗糙，中国、日本都用来打磨木材，因此中国叫它"木贼"，日本以"砥"称之，都取自能磨东西之意。欧洲人虽然也把它拿来擦洗锅子，但命名却得自它的外形——细长的草茎上有一个孢子囊，很像马的尾巴，故而就把木贼唤作了"马尾"。木贼在中国古代还有一种妙用，就是刻制象牙章前先把章面放在木贼汁液里煮一下，然后下刀，以免咬刀，章成后，再放到醋中泡一下，就又恢复了硬度，据说这是因为木贼汁液是碱性的缘故。

　　常见的山野草中，有两种小型木贼——姬砥草和千岛姬砥草，栽培普遍。

　　姬砥草（*Equisetum scirpoides* subsp. *walkowiaki*），即小型的蔺木贼（*Equisetum scirpoides*），在日本已有很长的栽培时间，2008 年苏格兰植物学家 George Lawson 和德国植物学家 Carl Julius Milde 将之作为蔺木贼的亚种发表，亚种名 *walkowiaki* 是为纪念波兰植物学家 Radosław Janusz Walkowiak 而设。

姬砥草

千岛姬砥草

姬砥草，株高约 15cm，地上枝纤细如发，不规则波状弯曲，不分枝，除了下部 1～2 节栗棕色外，其余都是绿色；春天，枝顶生成无柄的孢子囊穗，圆柱状，顶端有小尖凸，散播孢子后死亡；黄黑色的根茎也很细，长有黄棕色长毛，密密麻麻地结成垫状，牢牢地攀附在石块、泥土上。

千岛姬砥草（*Equisetum variegatum*），分布于我国吉林、内蒙古、新疆、四川等地和日本北海道及欧洲、北美洲等寒冷地域的高山湿地，喜欢长在开阔的石灰质丰富的地方，是一种多年生半常绿的小型木贼。它的特点是枝节上覆盖一条黑色条纹的鞘，边缘镶着白色的鞘齿，很显眼，因此又叫"斑纹木贼"。

千岛姬砥草株高 10～30cm，地上枝直立，比姬砥草稍粗，不弯曲、不分枝，一束束像扎起的头发束，看着精神抖擞，深受园艺爱好者欢迎。

姬砥草和千岛姬砥草生性强健，病虫害较少，不需要施肥，耐寒也耐热，半常绿，初冬，部分草茎枯萎，第二年春天，重新萌芽。姬砥草和千岛姬砥草都是湿地植物，莳养时不能缺水，最好养在浅水盆中。它们耐阴，也喜光，在江南，除了盛夏需要放到阴凉处外，其余季节都可向阳常温管理。

姬砥草和千岛姬砥草根茎发达，繁殖力旺盛，主要通过分株繁殖来增加新株。

常盘忍

　　常盘忍（*Humata griffithiana*），骨碎补科阴石蕨属多年生常绿草本，大名叫"杯盖阴石蕨"，因为它的孢子囊群盖高起，像个杯盖，原产于中国长江以南各省区和印度北部，附生于山地林中树干上或石上，植株高达 40cm。

　　与杯盖阴石蕨同科的骨碎补（*Davallia mariesii*），日本名"シノブ"是"忍"的意思，因为骨碎补耐严寒、忍酷暑，不怕干、不怕湿，耐瘠薄，生性坚韧得很，在日本，从古至今一直是被唱颂的对象。杯盖阴石蕨习性与骨碎补相似，不同的只是四季常绿，日本从中国台湾引种后，就把它称为"常盘忍"，常盘是永恒不变、常绿的意思。

　　常盘忍有一个石化的品种，原本一条条长长的根茎变成满布白毛、短短的、肉嘟嘟的一团，像极了猫的爪子，因此"猫爪蕨"就成了这个石化品种的通称。猫爪轻摇，在日本向来有招财之意，因此可爱的猫爪蕨普受欢迎，广为栽培。

　　石化常盘忍，与常盘忍相比，株型矮小紧凑，植株高度只有 15cm 上下，生长缓慢，羽状的三角形叶片较小，每年春天，叶背密布圆形橙色的孢子囊，排成条状。

　　石化常盘忍生性强健，喜欢生长在明亮的半阴处，空气湿度和盆土水分都要充足，耐热性强，耐寒性比骨碎补弱，一般气温在 0℃ 以下时，就要移至温暖处。在 4 ~ 11 月每月施加 1 次液体肥料，就能满足石化常盘忍的需肥要求。在江南，莳养方便，只是盛夏需要遮阴，冬天要移至室内温暖处。

　　石化常盘忍通过根茎繁殖，3 ~ 4 月，掰取根茎放在水苔、青苔、泥炭等保水材料上培养，确保湿度和水分，一般 20 天左右就能生根，相对容易。

常盘忍

一叶岩垂

一叶岩垂

　　一叶岩垂（*Pyrrosia davidii*），中文名叫华北石韦，水龙骨科石韦属多年生常绿草本，分布在中国北部、西南部和日本本州的关东西部、中部等地，附生于山地阴湿的岩石上。

　　一叶岩垂株高不到10cm，叶片两头尖、中间宽、厚厚的、密被星状毛，天鹅绒般的质地独具魅力，一片片垂于岩石上，小巧细腻，与一般蕨类羽状叶子不同，因此，日本把它称为一叶岩垂。

　　种植一叶岩垂要用排水良好的酸性介质，一般使用鹿沼土和火山岩的混合颗粒。一叶岩垂耐寒性强，在寒冷地带，常绿转为落叶，能在雪下越冬。但作为栽培观赏，在温暖的室内过冬比较好，能维持最佳的观赏效果，因为一叶岩垂落叶后，春天发芽会推迟，影响生长。一叶岩垂喜湿，除了冬天休眠期稍控浇水量外，其余时间都要确保充足的水分。一叶岩垂相对喜肥，春天和秋天每隔7～10天施加1次稀释的液肥。

　　一叶岩垂有粗壮而横卧的根状茎，繁殖一般采用分株法，在3～4月，剪取带有数张叶片的根状茎分植即可；叶片背面密布棕色的孢子囊群，成熟时，孢子囊开裂，砖红一片，如果采用孢子播种，要随采随播。

岩面高

岩面高

　　岩面高（*Pyrrosia hastata*），水龙骨科石韦属多年生常绿草本，叶片戟形 3 裂，状似慈菇叶，产于中国安徽、日本和朝鲜半岛南部的山林，附生于林缘、林下明亮湿润处的岩石和树干上。慈菇，叶如人面，叶脉隆起，日本称其为"面高"，因此把这种长在岩石上的"慈菇"就叫作了岩面高，中文名则据形称为戟叶石韦。

　　岩面高叶形变化丰富，主要是因叶端细小的分支突然变异而形成的"狮子叶"，或卷曲、或刻裂，形态各异，其中产自韩国的圆形狮子叶品种'高丽狮子'，叶片向上收拢，叶缘缺裂重褶，表面灰绿色，光滑无毛；背面灰棕色，被有厚厚的星状毛，点缀在长长的叶柄上，犹如团团剪绒，别致得很，颇受欢迎，栽培普遍。

　　种植'高丽狮子'要用大粒的颗粒土，盆底需铺一层石砾，确保通气透水。'高丽狮子'喜光、喜湿，耐热、耐寒，日常养护需放在明亮、潮湿的半阴处，始终保持盆土潮湿，只是在夏天需要遮阴，冬天稍稍控水，在江南四季都可常温莳养。'高丽狮子'需肥要求不高，在春天和秋天每月施加 1 次液体肥料即可。

　　'高丽狮子'具有粗短的根状茎，繁殖采取分株法，春天剪取一段带有 3 个以上叶片的根状茎，重新种植，成活率高。孢子囊群整齐地排列于叶片背面侧脉之间，成熟后脱落，形成新的植株，但存在返祖现象，园艺性状会丢失。

宿根植物

斑入叶蕺菜

蕺菜就是鱼腥草，揉碎蕺菜的叶片，一股鱼腥味和着青草味立马扑鼻而来，喜欢的人特好这一口，闻不惯的一时难以接受。虽然气味特别，但蕺菜叶色怡人，花朵端雅，惹人喜欢，因此，欧洲从日本引种了蕺菜后，培育出了色叶、重瓣等好几个小型园艺品种用于栽培观赏，后来成为了颇受欢迎的日本山野草种类。

色叶，日本称为"斑入叶"。斑入叶蕺菜有三色叶、五色叶和小五色叶 3 种，矮小紧凑，色彩斑斓。三色叶蕺菜（*Houttuynia cordata* 'Bobo'）长得矮小紧凑，指甲片儿般的心形叶片，叶缘不规则缺裂，有着白底红晕的斑纹。那点点红晕，稀稀落落，随意地洒在绿、白之间，平添了一份韵致，楚楚动人，真有增减半分不得的感觉。五色叶蕺菜（*Houttuynia cordata* 'Variegata'），比三色叶更为绚烂，黄色鲜明，红、白、绿等色或晕傅、或点洒，热闹得很。小五色叶的品种叫作"锦蕺菜"，株型比五色叶蕺菜更小，越发娇俏。

斑入叶蕺菜与蕺菜一样，有着发达的地下茎，一节一节地匍匐蔓延，纵横缠绕，每一节上都能生根发芽，长出新叶。您瞧，它竟然调皮地从花盆底下钻了出来，还昂着头，得意地东瞅西瞧呢。

斑入叶蕺菜比绿叶的品种更需要阳光，适合摆放在半阴半阳的地方。如果光照不足，叶片上的红晕就会褪去，原本俏丽的模样顿时索然无味；如果日照强烈，叶片则会起黑斑。它也非常喜欢水，一旦不让喝够，就会以基部叶片干枯的形式提出抗议。斑入叶蕺菜不怕热，也不怕冷，冬天地上茎叶枯萎后，一个个肥硕的芽苞露在土表，可爱得紧。

三色叶甜菜

石 菖

世上唤作"菖蒲"之草甚多，它们分属菖蒲科、香蒲科、鸢尾科和百合科，名虽同，实不同。菖蒲科菖蒲属的菖蒲，只需清水一汪，或假以拳石，便能静静地生长，"耐苦寒，安淡泊"，葱郁中带着一份难得的静逸，引动了多少文人墨客、雅士逸秀的衷怀。每当辞岁迎新之际，人们将菖蒲与南天竺、兰花、灵芝、水仙、白菜、萝卜种种摆置一处，名曰岁朝清供，既清雅，又吉祥。

菖蒲科菖蒲属植物共 4 种，分别是菖蒲（*Acorus calamus*）、石菖蒲（*Acorus tatarinowii*）、长苞菖蒲（*Acorus rumphianus*）和金钱蒲（*Acorus gramineus*）。目前赏玩的都是金钱蒲品种，分为中国系和日本系两类，日本称为"石菖"。

中国系。清代陈淏子《花镜》记载，"凡盆种作清供者，多用金钱、虎须、香苗三种。"现在，金钱、虎须两种尚有传世。

金钱：株型紧凑，叶短而阔，旋转生长，草型成圈，中可置钱，因此有钱蒲之名。

虎须：叶长而细，披拂盆边，故名"虎须"。

日本系。日本文政七年金太《草木奇品家雅见》中记载菖蒲的珍奇品种多达 32 种，有'正宗''白泷'天河''雪山''虎卷''金鸡''山吹黄金''有栖川''燕尾''诗仙堂'等等，随着时间的流逝，其中大多已湮没无闻，现在仅常见以下 6 个品种：极姬石菖，叶片极短细，叶丛仅高 3～5cm；姬石菖，叶色青翠，叶丛高 5～10cm；'黄金'姬石菖，叶色浅绿略黄，叶丛高 5～10cm，株型紧凑；'正宗'石菖，叶缘银白色，叶丛高 10～20cm；'胧月'石菖，叶缘金黄色，叶丛高 10～20cm；'有栖川'石菖，叶暗绿色，有白色条纹，叶丛高 10～20cm。

大家可能要问，既然是金钱蒲品种，怎么都有"石菖"的名字？究其原因，都是由古今不同的分类方式造成的。我国古人按不同的生长环境给菖蒲分类，《花镜》云："生于池泽者泥菖也，生于溪涧者水菖也，生水石之间者石菖也"，"石菖"名副其实；按照《中国植物志》天南星科菖蒲属植物分类，那么这些"石菖"自然就是金钱蒲的品种了。

栽培菖蒲，古人云："春迟出，春分出室，且莫见雨。夏不惜，可剪三次。秋水

1	
2	3
4	5

1　金钱蒲
2　'黄金'姬石菖
3　极姬石菖
4　姬石菖
5　'有栖川'石菖

深，以天落水养之。冬藏密，十月后以缸合密。"并有"添水不换水、见天不见日、宜剪不宜分、浸根不浸叶"之说，可略备一案。'黄金'姬石菖、'正宗'石菖、'胧月'石菖、'有栖川'石菖等色叶品种，则需放在半阴处，过阴会引起叶片返绿。

乙女拟宝珠

百合科的玉簪向来是佛门净物，含苞待放之际，总苞片含着累起的若干花蕾，形似寺院栏杆柱头上的装饰——拟宝珠，尚佛的东瀛就拿来称呼了玉簪。

韩国济州岛出产一种小型的野生玉簪，生长在山间向阳的岩石间，在日本被叫作乙女拟宝珠（Hosta venusta），"乙女"表示着娇俏清纯，"Venusta"即维纳斯，秀美之意，因此，这种玉簪也可叫作秀丽玉簪。乙女拟宝珠叶子卵形至广卵形，浅绿色，仅长 2 ~ 3cm，单侧叶脉 4，叶表泛着细碎的晶莹光泽。五六月开花，花茎 3 ~ 4 棱，小花集中在花茎尖端开放，浅紫色，镶嵌着深紫的脉络，除了叶片小外，这也是乙女拟宝珠与其他玉簪属植物的主要区别。

乙女拟宝珠品种较多，常见的有黄中斑，叶中间镶嵌着暗黄色的斑纹；日光，叶缘有宽的深黄镶边，并一丝丝晕入到叶心的绿色中；金牡丹，叶缘有窄的浅黄镶边；白中斑，除叶缘绿色外，叶片其余部分都是纯白色。

用以观赏的小型玉簪品种繁多，除了乙女拟宝珠这一类外，还有两类，一类是野生品种以及它们的园艺种，譬如原产赤城山的赤城锦、相马的相马锦、屋久岛的小叶玉簪，出在津轻的津轻小町等；一类是乙女拟宝珠与小叶玉簪、水玉簪、秋玉簪等等的杂交种，譬如'花美短'，叶片狭长，波浪状，满布浅暗黄色斑纹，夹有少量绿色，是一个受欢迎的老品种；'袴裙'，狭长的深绿色叶片，叶缘镶着白边，坚硬平展，清新素净，它们的花紫色，都是与水玉簪（Hosta longissima）的杂交品种。

这些小型玉簪，生性强健，管理比较粗放，在江南，春、秋、冬半阴管理，6 ~ 8 月，则需移至阴凉处，日常足水足肥，盆面稍干就需补水，冬天叶片枯萎后，需要适当控制浇水。只是容易感染真菌，导致叶尖焦枯和叶面斑状腐烂，平时需加强防控。小型玉簪一般采取分株繁殖，在春季发芽前进行。

盆栽山野草中还有一类产自高山的玉簪属植物——岩拟宝珠（Hosta gracillima），原产于日本北关东和秩父。岩拟宝珠和其他小型玉簪杂交，也产生了一些观赏价值较高的品种，譬如'西国岩'拟宝珠，暗绿色的叶面布满了细碎的白斑，别有韵致。这类玉簪，在江南过夏会半休眠，叶片消退一部分，其他习性都和乙女拟宝珠一样。

乙女拟宝珠

野州花石菖

百合科岩菖蒲属的野州花石菖（*Tofieldia nuda* var. *furusei*）是古日本野州（现群马县和栃木县的一部分）地方的特有种，生长于阴湿的岩石上，分布区域十分狭窄。经过长期的人工繁殖，如今，野州花石菖已经成为了一种大众的观赏花草，而在原生地，野生种已经很难找到了。

野州花石菖的叶片厚硬，叶色淡绿，长 5 ~ 25cm，弯弯的像一把镰刀，隆起的叶脉将叶片折成一个"V"字状的凹面，全缘无毛。7 ~ 8 月是野州花石菖的花期，花茎绿色，高 10 ~ 30cm，总状花序，小花花瓣线形，长 3mm 左右，白色；雄蕊比花瓣长，带着黄色的花药，甜香飘浮。

野州花石菖喜光，除了 6 月下旬到 8 月上旬，都需要在明亮处养护，春天和秋天充足的阳光，能促使野州花石菖开出漂亮的花；喜湿，但要避免积水，否则会引起烂根；喜肥，夏天和冬天以外，都要确保足肥，才能保证长势旺盛。野州花石菖不怕冷也不怕热，栽培容易，管理粗放，只是平时要定期做好病虫害防治，尤其要注意黄叶和介壳虫。

野州花石菖依靠横走的地下茎繁殖，萌芽力强，很容易长成一大堆，因此，无论盆栽还是地栽，都要及时分株，否则生长过密，影响生长。在江南地区，每年 3 月、8 月下旬可进行分株。

除了野州花石菖，另一种岩菖蒲属植物——汉拿石菖蒲（*Tofieldia fauriei*）在国内也很受欢迎。汉拿石菖蒲是韩国汉拿山特产物种，与野州花石菖相比，叶片短小，花茎红色，花药紫红色，开花也在 7 ~ 8 月，只是没有野州花石菖生长旺盛。

岩菖蒲与菖蒲科的金钱蒲在市场上都被列入菖蒲之属，它们的区别在于，岩菖蒲有地下茎，总状花序，叶丛不规则排列，叶质厚硬，纵脉明显；金钱蒲在盆面有走鞭，所谓"九节菖蒲"，肉穗花序，叶丛轮生，叶质软薄，纵脉不明显。

野州花石菖

'达摩'杜鹃草

达摩杜鹃草

百合科油点草属的植物，嫩叶和花瓣片上布有深紫色斑点，中国人看来如同泼洒的斑斑油滴，因此把它唤作了"油点草"。这些"油点"在日本人眼里，觉得与杜鹃鸟胸膛的斑纹很像，故而就叫作了"杜鹃草"。

杜鹃草分布于东亚，园艺品种很多，其中日本产的杜鹃草及中国台湾油点草（*Tricyrtis formosana*）的杂交种是山野草栽培的主要种类。日本产的杜鹃草分为直立型和垂挂型两大类，一般株型都比较高大；中国台湾油点草与日本产杜鹃草的不同杂交种在株型、叶片、花朵等方面变异较大，缤纷多姿，其中有一个小型的品种——'达摩'杜鹃草（*Tricyrtis formosana* 'Daruma'），栽培普遍。

达摩，在日语里有圆的意思，植物中凡是叶片圆圆的、生得矮矮的，日本人一般都冠以"达摩"两字。'达摩'杜鹃草生得矮小紧凑，粗壮的草茎直立，叶片肉质圆形，小小的尾尖很可爱，光泽明亮，斑点稀疏。'达摩'杜鹃草是一个早花品种，花期7～10月，比其他杜鹃草早了一个月左右，粉红色的小花布满细小的斑点，雄蕊凸起像一个船锚，开在绿叶丛中，不太引人注目。'达摩'杜鹃草与其他杜鹃草一样，具有发达的地下茎，只是节间很短，生长密度高，延伸速度也没有其他品种强，花园地栽，能很好地控制蔓生范围，也更适合盆栽。

'达摩'杜鹃草喜光，但不耐太阳直晒，日常莳养要放在没有直射光的明亮处，夏季更要遮阴处理。'达摩'杜鹃草耐旱，浇水不干不浇，不宜过多。'达摩'杜鹃草冬天茎叶凋萎，不耐寒，温度低于 5℃就要移至室内温暖明亮处，避免冻伤。'达摩'杜鹃草对肥料要求不高，每年春、秋各施一次缓释肥即可，如果缺肥，叶片光泽会变暗。

　　'达摩'杜鹃草的繁殖主要采取分植地下茎，每年春天发芽前进行，成活率高。'达摩'杜鹃草茎、叶脆嫩，莳养时要注意避免折断。

'达摩'杜鹃草

莸草菖蒲

  莸草菖蒲（*Libertia grandiflora*）是鸢尾科丽白花属的一种多年生常绿草本植物，花似水竹叶属的莸草，国内兼顾音译，也称之为大花丽白花。日本还将莸草菖蒲称为"不丹菖蒲"，但实际这种草并非产于不丹，而是新西兰的特有种。

  丽白花属（*Libertia*）首次发表于 1824 年，分布在南美洲、澳大利亚、新几内亚岛及新西兰，新西兰有特有种 7 种。该属许多种类具有较高的观赏价值，除观花外，还有橙色叶的观叶品种，在欧美普遍栽培。

  莸草菖蒲叶子革质线形，深绿色，裹着一层薄蜡，微微弯曲，丛生在基部的短茎上，地栽可生长到 60 ~ 90cm 高，盆栽后明显矮化，株高在 20cm 以内。在江南晚春时节，叶丛中抽出和叶片几乎等高的花茎，圆锥花序，小花白色，三瓣花瓣三角形排列，几乎平展，蒴果由三个瓣膜组成，包含许多细小种子。莸草菖蒲花大而秀丽，在欧美多植于庭院，曾获得过英国皇家园艺学会颁发的花园奖，近年来才被日本作为山野草栽培。

  莸草菖蒲喜阳、喜水，日常全光照、大水莳养。耐寒性较差，冬天需要进室养护，避免霜冻。春、秋两季各施一次缓释肥，就能满足莸草菖蒲的需肥要求。莸草菖蒲如针的叶尖容易枯黄，日常除了确保盆土潮湿外，还要注意真菌性病害防治，避免枯尖情况发生。

  在江南，繁殖莸草菖蒲一般采取分株法，只需在春季掰下带根的一个短茎另行栽培，成活率高。

莸草菖蒲

黄花庭石菖

鸢尾科庭菖蒲属的植物原产于美洲加勒比地区，中国、日本在 100 多年前引种。庭菖蒲从根际长出的剑形叶，一丛丛簇生在一起，与菖蒲科菖蒲的叶子很像，只是株型粗大，大都种在花坛、草坪内观赏，因此就在菖蒲前加了个"庭"作为花名，日本称为"庭石菖"。

庭菖蒲属名 Sisyrinchium 是猪鼻子的意思，这是因为庭菖蒲有绵延的根状茎，每段根状茎很短，就像猪用鼻子拱地那样不断地向前翻动，故而庭菖蒲属有个别名，叫"豚鼻花属"。

庭石菖的花期一般在 5 月，花茎直立或斜上，到了茎尖，多有分枝，枝头开出朵朵朝天的小花，花瓣 6 片，直径不到 1cm，多为蓝紫色，聚在一起形成疏散的聚伞花序，无论盆栽独赏，还是在庭园中汇成花海，都能美得让人留恋。在美洲人看来，这些小花如同一个个大眼睛，因此俗称"蓝眼花"。

盆栽山野草多用庭石菖的矮型品种，譬如黄花庭石菖，是加州庭菖蒲（Sisyrinchium californicum）的一个变种，叶片淡绿色，长 15cm 左右，叶质较软，叶尖钝圆微红，略略倒垂，枯萎后嫣嫣的黑色，与大多数菖蒲高大粗壮的阳刚美恰恰相反，柔和得紧，这在庭菖蒲中不多见。五六月间开明黄色花，花后，黄花庭石菖结成圆球形的蒴果，一棱棱的，像个小南瓜，因此在日本，黄花庭石菖还有个名字，叫南瓜水菖蒲。

黄花庭石菖生性强健，只要阳光充足、水分充足，放哪儿都能长得好好的，在江南，只在 7 月酷暑需要遮阴管理。

黄花庭石菖一般通过分株繁殖，只要带根掰下一丛叶片栽在盆里就行了。

黄花庭石菖

屋久岛捩花

　　许多产于日本屋久岛上的植物较之产于别处的同种植物更加矮小，这种屋久岛捩花（*Spiranthes sinensis* var. *amoena* f. *gracilis*）是捩花的一个变型，大小只有捩花的 2/3 不到，叶片 2～3cm，开花时，花茎不超过 15cm，海棠色的小花更是比米粒还小，迷你可爱。捩花就是绶草，小型的兰科植物，广泛分布于亚洲东部，一些向阳的潮湿地方都有生长，特别是在草坪上常见，东一堆、西一簇，给满满的绿意染上了片片粉晕。绶草花序有规则地旋转扭曲，右转和左转的比率大致是 1 比 1，日本就称之为捩花，别名缤摺，这倒是绶带盘旋状的意思。

　　在日本，捩花于江户时代就被用来栽培观赏，《花坛地锦抄》有相应记载，一直深受欢迎，长期以来培育出了一些园艺品种，经常举办专题展览会。这是因为它那娇小的身躯里抽出的盘旋花茎，透着一股强劲的扭力，正与东瀛的文化精神相符，在山野草组合和插花中，如果用到捩花，一定要配上平铺的花材以抵消它那股向上的冲劲，可见何等钟情于此。日本把捩花命名为 *Spiranthes sinensis* var. *amoena*，认为是绶草的一个变种，但并没有得到普遍认可，屋久岛捩花作为捩花的一个变型也没有正式发表过。

　　屋久岛捩花喜湿向阳，莳养容易，在江南一般放在半阴通风处，不避寒暑，冬天休眠。屋久岛捩花在 4 月开花，花后结实，种子细小，自播能力强，往往周边花盆里都会不断地长出它的幼株。屋久岛捩花有粗壮短小的肉质根，与根菌共生，因此翻盆移植时尽量带一点原土，否则可能会造成新栽植的捩花枯萎。

屋久島搦花

白鹭蚊帐吊

　　白鹭蚊帐吊（*Rhynchospora colorata*），莎草科刺子莞属多年生常绿草本，产于美国东南部，在日本栽培观赏历史悠久。以前日本的小孩子会玩一种游戏，就是把莎草三棱形秆的顶端撕开，往外翻，做成像一个吊着的四方形蚊帐一样的玩具，这就是日本把莎草叫作"蚊帐吊"的由来。

　　白鹭蚊帐吊，也叫白鹭莞，叶纤秆秀，5月，修长的草秆顶端，如白鹭飞翔般的花朵优雅绽放，风中摇摆，飘逸欲仙，一波接着一波，直到秋天，无论独栽，还是和其他花草组合，观赏俱佳。白鹭蚊帐吊那醒目的白色接着绿色的细长"花瓣"实际是苞片，米黄色的头状花序聚集在中间，小花仅有米粒般大小，整朵花仿佛闪闪星芒，因此它还有个名字——星光草。白鹭蚊帐吊除了绿叶的外，还有一种花叶品种，叶缘有白边，更加细腻清爽。

　　白鹭蚊帐吊喜高温多湿，病虫害少，盆栽种植容易，夏天生长旺盛。在江南，最低气温0℃以上的时间都可露天全光照莳养，寒冷季节要放到室内向阳处，以防冻伤。白鹭蚊帐吊可以水养，但耐旱性也强，脱水后只要根部不枯萎，一经补水，就又能恢复正常生长。白鹭蚊帐吊不喜肥，不施肥也能生长良好，如果正常施肥，那么叶色浓绿，花量增多。

　　白鹭蚊帐吊主要采用分株繁殖，每年春天时进行。白鹭蚊帐吊日常养护要注意及时剪除败花，促进新花生成；如果生长过密，要及时翻盆，一般在春天时结合分株进行。

白鷺蚊帐吊

姬棉菅

姬棉菅（*Scirpus hudsonianus*），莎草科蔍草属多年生草本，小穗有黄褐色的鳞片状短苞片，因此中国名叫"鳞苞蔍草"，原产于北半球寒冷地带，生长于高山湿地。

日本把高大的羊胡子草叫棉菅，鳞苞蔍草植株矮小，生长高度不超过 20cm，细长如针的草秆密密排列。夏季，生出的一根根长侧枝顶端开出一团团"棉絮"，随风飘舞，风姿绰约，给炎热的季节带来了一丝凉意，模样像极了缩小版的棉菅，因此就把它叫作了姬棉菅。

姬棉菅的草秆上没有叶片，只在基部有一些叶鞘。它的花序叫聚伞花序，减退厉害，只有少数小穗，甚至只有一个。那雪白的"棉絮"是姬棉菅果子的茸毛，并不是花朵。

姬棉菅是高山植物，耐寒畏热。在江南，除了盛夏要放在阴凉处外，其余季节都要全光照莳养。姬棉菅是湿地植物，十分喜水，日常管理不可缺水，只需在夏、冬两季稍稍控制水量。

姬棉菅一般采取籽播或分株繁殖，籽播在秋季，分株在春季。

姬棉菅

姫棉菅

里叶草

里叶草

里叶草（*Hakonechloa macra*），禾本科里叶草属多年生草本，一属一种，日本特有植物，原产于本州关东地区西部到近畿地方南部的太平洋沿岸，生长在溪流沿岸和山地悬崖、山脊上。

植物叶子一般是表面有着美丽的光泽，里叶草却是叶背也有光泽。里叶草叶片基部扭曲，叶背翻转，看起来宛如叶面，故而被叫作"里叶草"。里叶草生长高度40～70cm，草茎纤细，叶子柔长低垂，稍有微风就摇摆不定，似乎是风的知音，因此也叫作"风知草"。又因东京附近的箱根地区盛产里叶草，故而又称为"箱根草"，也就是它的属名 *Hakonechloa*。

里叶草因为有了"风知草"的别名，常被人们误称为"知风草"。其实，知风草（*Eragrostis ferruginea*）另有其种，是禾本科画眉草属的多年生草本，广泛分布在我国和日本的路边、山坡。

8 ~ 10 月，里叶草茎尖开出细小禾穗，茶绿色，质朴得很。深秋叶片变黄，逐渐枯萎，到了冬季要把枯叶剪除。里叶草生长非常旺盛，有些草茎会长得特别高，影响了整体观赏效果，要在这些叶片尚未展开时及时拔除顶芽，平衡叶势，保持株形。

里叶草栽培历史悠久，在长期栽培过程中形成了一些品种，主要有花叶里叶草（*Hakonechloa macra* 'Aureola'），叶面具有黄色条纹；黄金叶里叶草（*Hakonechloa macra* 'All Gold'），叶片金黄色，株型稍小，生长缓慢；红里叶草，绿色叶子尖端红色，株型稍小；姬里叶草，株型矮小，叶片绿色。

里叶草和其他禾本科植物不同，怕日光直射，需要放在明亮的背阴处培育。但为了保持花叶品种美丽的斑纹，春、秋季都要放在半阴处，只有夏天需要遮阴。里叶草耐旱，盆栽只需要在表土干燥后浇水即可，如果水分过多，植株会长得过快，失去美丽的株型。里叶草需肥要求不高，3 ~ 5 月，只需施加少量缓释肥，夏天叶色不佳时，需适当追加稀薄的液肥。里叶草生性强健，几乎没有病虫害。盆栽的里叶草，需要每2 年进行 1 次翻盆分株，在 2 ~ 3 月休眠期中进行。分株时，每份至少要留有 3 个植株，太少了会影响生长。

黄金叶里叶草

十和田苇

　　十和田苇（*Phalaris arundinacea* 'Tricolor'）是禾本科虉草属的一个园艺品种。虉草属分布于北半球的温带区域，大部产于欧美，中国产一种，即虉草，另有引种的变种，具有白色条纹，名为"丝带草"，多作园林观赏植物栽培。

　　虉草适应性强，海拔 75 ~ 3200m 的林下、潮湿草地或水湿处都能生长，秆基本单生，高 60 ~ 140cm，是优良的牧草，在日本唤作"草芦"。十和田苇是因观赏需要而改良的矮化花叶品种，株高 30 ~ 50cm，线形叶子柔软而似丝带，叶面上，一条条绿色、白色、淡胭脂色的纵条纹，粉粉的，秀而娇媚，讨人欢喜得很。

　　十和田苇喜阳、喜水，稍耐阴，不耐旱，一般采取浅水盆莳养，放在向阳处，如果用介质栽培，水分供应相对不足，则需置于半阴的地方，否则会导致枯叶。在江南，夏天需要遮阴，其余时间不能阴置，否则会徒长。十和田苇耐寒性强，冬季，地上部分枯萎，可以露天过冬。

　　十和田苇对肥料要求不高，只需薄肥多施，如果肥料足，会导致生长过快，失去株型。十和田苇有发达的根茎，繁殖一般采取分株法，在春季发芽前进行。十和田苇夏季开花，花期 3 个月左右，圆锥花序紧密狭窄，开满了一束束花穗，籽成熟后也可采播。

十和田菅

纪州荻

纪州荻（*Pogonatherum crinitum*），就是金丝草，禾本科金发草属的多年生草本，分布于亚洲的热带和暖温带地区，我国长江以南大部分地区、日本纪伊半岛以西和西南诸岛以及菲律宾、马来西亚、印度等地都能见到，生长在向阳的潮湿山坡和路边，生性很像荻，因此日本依产地唤作了"纪州荻"。

纪州荻是一种极小型的茅草，株高只有20cm左右，春季，一束束纤细如线的茎从根部发出，茎节上伸展出狭小的叶片，薄如蝉翼，嫩绿色中略略泛着光泽，随着嫩叶渐老，叶面匀上了一层绯红，盈盈一乍，娇俏得极。初夏至仲秋间，纪州荻茎端抽出了黄色的穗形花序，一丝丝上缀满了一点点细如尘埃的小白花，稍稍弯曲，像极了黄鼠狼的尾巴，在日本也叫它"鼬茅"或"鼬萱"。

纪州荻喜阳也耐阴，喜湿也耐旱，在向阳、潮湿的环境里生长更为旺盛，日常莳养需要确保阳光充足、水分充足，在江南，夏天需遮阴，冬天需要移至室内，只耐0℃低温。

纪州荻花后结籽，成熟后，随风飘扬，自播能力极强，周边盆里和地面都会生出许多幼苗，可以挑出装盆；或者，在果实即将飘落前，把籽捋下来，随采随播，往往种了一盆可以得到千百盆。

纪州荻

45

黑轴刈安

　　禾本科金发草属的金发草，在日本唤作黑轴刈安（*Pogonatherum paniceum*），因其老秆紫黑色，株形矮小，纤细易割而得名，"刈"即割，"安"就是容易的意思。

　　黑轴刈安高 30 ~ 60cm，秆硬似小竹，叶亦似小竹，枝叶婆娑，真有萧萧之意，因此，它还被称作姬竹、黑轴姬笹、姬笹。每年 4 ~ 5 月，乳黄色的总状花序开放在黑轴刈安的秆端，如丝丝金发飘在风中，一直到 10 月，花、籽不断。黑轴刈安花后一个月左右，籽成熟，也是随着风到处安家，繁殖容易得很，可以挑取周边盆面、地面的幼苗移栽，也可集中捋下籽实播种，成活率、出苗率都极高。

　　黑轴刈安产于亚洲的热带和暖温带地区，我国湖北、湖南、广东、广西、贵州、云南、四川诸地、日本本州中部近畿地区及印度、马来西亚到大洋洲都有分布，生长在海拔 2300m 以下的山坡、草地、路边、溪旁草地的干旱向阳处，耐 3℃低温。在江南盆栽，需要保持良好的光照和和充足的水分，夏季遮阴，冬季必须移入室内向阳处，否则要冻死。

　　黑轴刈安在长期栽培中，形成了一些有斑纹的园艺品种，譬如虎皮姬竹，叶面有规则的黄色横条纹，别致而美丽；花叶姬竹，叶面斑纹为不规则的白色竖条，栽培观赏较普遍。莳养条件与黑轴刈安一样，只是特别要注意光照，如果光照不足，斑纹会淡化或消失，虎皮姬竹尤为明显。

黑轴刈安

桃色半钟蔓

桃色半钟蔓（*Clematis montana* var. *rubens* 'Elizabeth'）不是半钟蔓（*Clematis japonica*），它是绣球藤变种红花绣球藤的一个品种，叫'伊丽莎白'，只是长得像半钟蔓而已。

绣球藤（*Clematis montana*）是毛茛科铁线莲属的落叶草质藤本植物，原产于阿富汗到中国台湾一带的山区，生长在高海拔地区向阳的灌丛、森林，藤蔓可长到 12m 左右。

绣球藤叶片浓绿色，三出复叶，小叶长卵形，三叉深裂，在春末开花，花期长达 1 个月。花开时节，整株植物被白色的小花覆盖，地栽，往往形成一面花墙；盆栽则是花瀑倒悬，花量之大令人惊叹。绣球藤的花四瓣，十字形，黄色花蕊长长地突出在外，朝上盛开，很美。地栽绣球藤的枝条不需要修剪，枝条越老开花也越多。盆栽的要在 7 月底前进行修剪，留 1 ~ 2 对叶，8 月以后不能强修剪，否则会把花芽剪掉，影响来年开花。绣球藤的攀缘性弱，种在墙边，需要适当绑扎，因此，也适合应用于地被铺植。

绣球藤有多个变种，通过和薄叶铁线莲（*Clematis gracilifolia*）杂交还产生了许多园艺品种，形成了一个铁线莲的品系——蒙大纳系列，在 1872 年就被提出，直到 1959 年才最终确认。各种绣球藤的花朵大小差距很大，直径 3 ~ 10cm，花色主要有白色、粉紫色、粉色、桃红色等。

桃色半钟蔓这个品种花朵硕大，直径 10cm 左右，粉红色，花瓣边缘波状，香味浓郁。桃色半钟蔓喜阳光充足，耐寒性和耐热性都一般，由于根系较弱，以致不耐干，也不耐湿。在江南盆栽，春季和秋天都需要全光照莳养，梅雨时节要放在避雨的地方，夏季要放在通风好的背阴处，冬天则要放在朝南的向阳处。浇水要坚持见干见湿，尤其冬、夏两季更要注意适当控水。施肥也不宜过多，过多会导致根系腐烂。

桃色半钟蔓一般采取扦插繁殖，在花后修剪时剪取嫩枝进行扦插。

桃色半钟蔓

丝金凤花

丝金凤花

丝金凤花（*Ranunculus reptans*）是毛茛科毛茛属多年生草本植物，分布在中国东北部、日本北方及欧洲、北美洲等北半球亚寒带地域的湖畔、河边湿地，《中国植物志》称为"松叶毛茛"。

丝金凤花植株高 5cm 左右，茎叶纤细，叶片仅有 1mm 宽，如丝如缕般匍匐蔓生，在水湿处节节生根，草名中无论"丝"，还是"松叶"，都形象地描摹出了它的特征，在毛茛属中少见，容易识别。因为细长的茎匍匐生长，在欧洲也把丝金凤花叫匍匐毛茛，学名中的 reptans 就是匍匐性的意思。

在江南，5 ~ 6 月、8 ~ 9 月分别是丝金凤花的花期，金黄色的花朵开在高高的花葶顶端，5 ~ 9 瓣花瓣平铺，花径 1cm 左右，娇俏而充满活力，在如线般的茎叶中格外显眼。

丝金凤花原产于高纬度地区，性喜冷凉，日常半阴环境养护。每年随着江南梅雨的到来，溽热难耐时，丝金凤花就进入了半休眠期，茎叶会消退一部分，一直到 8 月上旬恢复生长，这阶段要移至背阴处放置。到了 8 月中旬又可正常管理，到了冬天茎叶枯萎，在江南可以露天过冬。丝金凤花长于湿地，盆栽要保持潮湿，盆土稍有干燥，就要浇水，否则会导致外轮叶片焦枯，只有在夏天半休眠时可适当控水，防止腐烂。

丝金凤花一般采取压条繁殖，把匍匐茎放在潮湿的盆土上，待生了根剪取装盆。

丝金凤花

西洋云间草

西洋云间草（*Saxifraga × arendsii*）是多种欧洲原生虎耳草的杂交后代，常绿的高山岩生植物，主要亲本有具沟虎耳草（*Saxifraga exarata*）、苔虎耳草（*Saxifraga hypnoides*）、香虎耳草（*Saxifraga moschata*）及紫红虎耳草（*Saxifraga rosacea*）。由于其低矮匍匐，叶片垫状层叠，欧洲称之为藓状虎耳草（Mossy Saxifrage），国内音译为爱得虎耳草。日本因西洋云间草的叶形与国内一种产于高山之巅的云间草（*Saxifraga merkii* var. *idsuroei*）近似，因此称之为"西洋云间草"。

西洋云间草株高仅有 2cm 不到，叶从根部生出，呈楔形，三裂；花五瓣，杯状，花径 0.5 ~ 2cm 不等，由德国植物学家 Georg Arends（1863-1952）在 1888 年首次杂交而成。此后，新品种层出不穷，花有玫瑰、红、粉、白等色，叶有绿色、黄色、金边、银边等多种，秋天经霜后叶色转红，多彩多姿，在日本园艺中广泛应用。目前在国内，*Saxifraga × arendsii* 'Rosea' 和 *Saxifraga × arendsii* 'Variegata' 两种盆栽较多。*Saxifraga × arendsii* 'Rosea'，绿叶，玫瑰色花，株型较大；*Saxifraga × arendsii* 'Variegata'，黄色的叶片镶着一圈白边，花朵红白两色，株型矮小，日本叫作"红小町"。

西洋云间草耐寒性强，喜凉爽、潮湿、半阴的环境，不喜欢干旱和炎热潮湿的夏季天气。在江南，除了 6 ~ 8 月，都要放在日照好、通风佳的地方，6 ~ 8 月则要移至避雨的无日光直射的明亮处，有条件的话可放在空调房内。浇水要坚持不干不浇，尤其夏天要适当控水。如果盆面叶片繁茂，那么要采取浸盆法补水，避免叶片积水腐烂。

西洋云间草花期 3 ~ 5 月，花谢后要及时剪除，促进新叶生长。如果植株过大，茎叶过密，要在花后及时分株，否则夏天会导致腐烂。西洋云间草无严重的病虫害问题，只是盆土过湿，尤其高温、高湿，会发生根腐病。西洋云间草喜肥，初春、花后、秋天都要及时施放固体缓释肥。

西洋云间草一般采取分株和嫩枝扦插繁殖，分株在春天或花后，嫩枝扦插在春、秋两季温度适宜的时候都可进行。

西洋云间草·红小町

大文字草

　　大文字草是虎耳草科虎耳草属的多年生草本植物，为齿瓣虎耳草（*Saxifraga fortunei*）的变种，包括*Saxifraga fortunei* var. *alpina*，*Saxifraga fortunei* var. *incisolobata*，*Saxifraga fortunei* var. *mutabilis* 等，主要分布于日本北海道、四国、九州等地的高山地区。各变种的叶形、大小、花色、花期存在一定的差异，从中选育出了许多优良的观赏品种。

　　大文字草这个名字得之于它的花型。每年7月之后，不同品种的大文字草陆续开始开花，一直延续到年底。圆锥状的多歧聚伞花序着生朵朵小花，小花的花瓣不等长，上侧的3瓣比下侧的2瓣短，5个花瓣组成一个"大"字的，因此得名"大"文字草。

'美川红'

'Beni Lcaren'

美丽的大文字草品种繁多，小巧精致，叶、花，形、色各异，美不胜收，适宜置于案头，与"花园调色板"矾根堪称虎耳草家族的一双佳丽，因此，我们就把它叫作了"案头调色板"。

　　大文字草的叶呈肾圆形，叶色多变，有淡绿、深绿、红色以及花叶等等，多被有茸毛，不同品种长短、浓密各异，有一种叫'天鹅绒'的品种，茸毛细密浓厚，泛着丝绸般的光泽。叶缘有刻裂，深的，像萌萌的猫掌；浅的，则像缀着花边的手帕，十分可爱。叶脉也是丰富多彩，有浅有深、有粗有细，有绿色的，还有白色的。

　　大文字草的花有单瓣、复瓣之分，复瓣花由 10 枚雄蕊瓣化而来，层层**叠叠**，如牡丹绣球一般。花色虽只有红色系与白色系两类，但又有深红、玫红、粉红、淡红之分，或淡雅或浓郁，琳琅满目。花丝洁白，花药或红或黄，特别是白色花瓣点缀着玫

'萌'

酱红的花药，更是娇艳。花瓣的形状也各不相同，有椭圆形、匙形、线状椭圆形和披针形，全缘或是前段具裂，或长或短，或窄或宽，多姿多彩。

　　野生的大文字草生长于林下溪边湿润的岩石上，喜欢冷凉、湿润、阴暗的环境。在我国江南，大文字草的养护关键是温、湿两点。大文字草畏热耐寒，6月下旬进入梅雨季后，就要移入室内阴凉环境莳养，一直要到8月下旬高温过后，才能重新搬到室外；冬天如要保持观赏效果，也需放至室内温暖处，3月下旬和8月下旬是分株繁殖的最佳时机。大文字草特别喜湿、喜水，在江南，日常湿度能满足其正常生长。虽然大文字草喜阴，但也要放在有散射光、明亮的地方，冬天稍有直晒也无妨，否则会导致植株生长孱弱。

'五色白菊'

那智泡盛草

日本落新妇（*Astilbe japonica*）开花时，圆锥状的复总状花序密密麻麻地缀满了白色的小花，远望如同一堆堆聚集在一起的气泡，因此，在日本又称泡盛草。泡盛草分布于日本本州中西部、四国、九州等地，许多花色各异的观赏品种闻名于世，多用于庭院种植，其中仅那智泡盛草可作山野草盆栽。

那智泡盛草产于和歌山县那智山区，生长在溪谷沿岸的岩石上，与一般日本落新妇相比，植株矮小紧凑，株高不到 10cm。叶片从根基发出，二至三回三出羽状复叶，叶缘具深锯齿，很有力地斜挺着，密密地一捧。5～6 月是那智泡盛草的花期，花茎高 15cm 左右，斜出于叶丛中，分出许多花枝，枝头开满了略带一点粉红的小花。优雅的花枝和葱郁的叶丛这么一搭配，明朗而充满活力，那智泡盛草成为初夏时的一道亮丽色彩，观赏性高。

那智泡盛草虽然来自高山，但生性强健，只要在半阴湿润的环境中，它就能健康地成长。在江南，即使梅雨绵绵，溽热难耐，它那繁茂的花依旧盛开，雨后的美，更是别具风情。到了盛夏，那智泡盛草的老叶逐渐枯萎，紧接着，新叶就冒了出来，这时，已经不知不觉入了秋，又一轮旺盛的生长开始了。冬天，枝叶枯萎，进入休眠。那智泡盛草具有发达的根茎，繁殖除了播种外，还可采取分株法。分株在初春萌芽前进行；播种一般是随采随播，也可把种子储存在冰箱里，到翌年春天播下。

那智泡盛草

一叶升麻

　　虎耳草科落新妇属的植物基本都是二至四回三出复叶，但在日本本州的神奈川县、静冈县一带有一种单叶的落新妇，生长在山地的谷沿处，当地叫作一叶升麻（*Astilbe simplicifolia*）。落新妇的叶片和毛茛科的升麻很像，只是株形比升麻小，故而落新妇还有一个名字——小升麻。

　　一叶升麻，多年生草本植物，叶子基生，叶长 4 ~ 8cm，浅 3 裂，先端尖锐，叶缘暗红色，有锯齿。一叶升麻是落新妇属里的小型种，株高 10cm 左右，在江南，5 ~ 6 月开花，花茎暗红色，复总状花序，小花细碎，花瓣白色，萼片粉红色，一派优雅。

　　一叶升麻栽培容易，只要放在半阴的地方，确保潮湿，只需在初春施一次缓释肥，就能生长得很好，没有严重的病虫害问题。一叶升麻特别喜水，表土略干就要补水，否则叶片边缘会焦枯。只是夏天休眠，叶片消退时，需要适当控水，但要保持盆土湿润。

　　一叶升麻一般采取分株繁殖，早春萌芽前进行。由于不需要留种，花后要及时剪除枯败的花序。一叶升麻生长旺盛，根茎容易长满盆，为此，即使不开展繁育，也要每隔 2 年进行翻盆分株，以促使植株健康生长。

雪之下

雪之下（*Saxifraga stolonifera*）就是大家熟悉的野草和药材——虎耳草，无论石间、水边，还是田里，随处可安，往往早春积雪未融，它们就从雪下冒出了新叶，"雪之下"的名字就是这么得来的。

虎耳草低调、坚韧，朴素中透着秀美，还是一味良药，十分受人欢迎，栽培利用过程中选育出了许多美丽别致的品种，成为了流行的山野草种类。

八房虎耳草："八房"是日本园艺用词，意思是性状优良、株型紧凑。八房虎耳草与虎耳草相比，叶片小而厚实，叶柄短，叶缘褶皱明显，线形叶脉银白色，叶脉间略呈紫色，不具白色条状斑纹。

极姬虎耳草：原产于日本屋久岛，是一个虎耳草的微型品种，叶片小而密集，最大仅如无名指指甲般大小，叶面布满清晰的银白色网络状条纹，娇小玲珑，美丽可爱。

花叶虎耳草（'御所车'）：深绿的叶面，镶嵌着不规则的带着红晕的白斑，典雅华美。'御所车'是一种日本流行的装饰纹样、图案的称呼，本来指旧皇宫附近贵族使用的牛车，车轮上饰有各种古典优雅的纹样，据说能招来神仙，后来就成为获得幸福的象征。

花叶虎耳草（'御所车'）

花叶虎耳草（'雪月花'）：与'御所车'相比，深绿的叶面镶嵌的是不规则的白斑，素净清新，如'雪如月'。雪月花是日本的惯用语之一，泛指自然界美丽景物。

花叶虎耳草（'七变化'）：叶片相对较薄，新叶为纯白色，随着生长，叶片逐渐泛起绿晕，与'雪月花'相比，更是素雅文静，弱弱的。'七变化'并不是说这种虎耳草叶色有七种变化，而是沿用了古人以"七"为变数的意思。

春秋季，虎耳草会不断抽出细长的鞭匐枝，一枝枝挂在那里，枝头生出幼苗，放在湿土上就能生根，虎耳草大都是这样繁殖的。每年5～6月开花，花有5枚花瓣，上部的3枚白底上洒满紫红色斑点，2枚下垂的洁白无瑕，居中鹅黄的花蕊更增一份俏丽。花后，母株叶片逐渐枯萎，随后，会从茎上发出新芽。

总的来讲，虎耳草喜阴、喜水，耐寒性强，耐热性稍差，就各个品种具体而论略有差异。八房和极姬耐热、耐寒性强，夏天表现良好，冬天能耐 −10℃低温，只是极姬虎耳草叶片繁密，不能太湿，需要保持通风，避免叶面积水而引起腐烂。'御所车'和'雪月花'光照要求高，春、秋、冬三季都要放在半阴的环境，否则色斑会返绿，耐热、耐寒性稍弱，夏季需移到背阴处。'七变化'只能背阴管理，否则会导致叶片灼伤，耐热性比'御所车''雪月花'稍强，夏季表现良好。

极姬虎耳草

八房虎耳草

花叶虎耳草（'七变化'）

春雨草

　　春雨草（*Saxifraga × urbium*）虎耳草科虎耳草属多年生草本植物，由比利牛斯山原产的 *Saxifraga umbrosa* 和西爱尔兰原产的 *Saxifraga spathularis* 杂交而成，是 17 世纪以前就培育出的园艺品种，英国名叫"London Pride"，就是耐阴虎耳草。

　　春雨草植株高 15cm 左右，叶片莲座状基生，肉质、匙状，叶缘有宽锯齿，具少量腺毛。春末，叶片中心生出一枝 20cm 左右的花梗，缀满了白瓣红蕊的星形小花，细致优雅，花期可到 6 月。有一个花叶品种 *Saxifraga × urbium* 'Variegata'，具不规则奶油色的斑点，更是好看。

　　春雨草源自两种高山虎耳草，也和高山植物一样，耐寒畏热，耐干忌水。在江南，春、秋、冬三季半阴莳养，夏季移到背阴处，务必要在盆面表土干了才能浇水，日常保持通风，否则会导致腐烂。春雨草需肥要求不高，只要在初春施加缓释肥一次即可。

　　春雨草繁殖较易，以播种为主，一般随采随播。

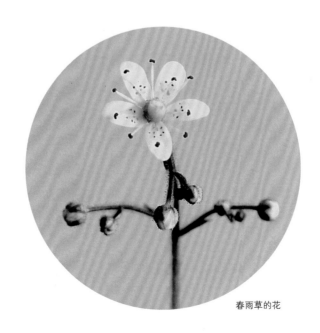

春雨草的花

春雨草

痛　取

　　痛取（*Fallopia japonica*），因有伤痛，便思取之疗伤止痛而得名，就是常说的虎杖，茎高直如杖，有斑似虎纹，黄色的根一直是本草中的止痛要药；红色细长筒状的芽味道酸酸的，作为春天的野菜在日本颇受欢迎，只是富含草酸，多食不利。

　　痛取不仅是实用的佳草，也是观赏用的良材，高大秀逸，新芽嫩叶红得春意盎然，独具风情，欧洲人十分喜欢，把它从日本引回去，种到了庭院。但是栽赏尚未厌，却悄然已成灾，只因未把拿虎杖当口粮的虫儿一起带去。痛取根茎横卧地下，茎上处处生芽，非常发达，而且叶片遇水就能生根，没有天敌和环境限制，泛滥成灾实在易如反掌。

　　欧洲人喜欢，原产地的日本当然也钟情，如此高大的植物竟被拿来纳入了盆中，作为山野草置于案头，还培育出了多种花叶品种，斑入、五色、白散……琳琅满目。受限于瓦缶，原本的粗枝大叶也服服帖帖地成了纤枝小叶，初春时节，红芽盈盈；枝叶新展，艳色菲菲。待等长成，一色的，绿中揉着红，红里透着绿；花叶的，或浓艳，或素雅，名色各具。俏丽的痛取新生时俏，老来也俏，如此风物，独赏也罢，合栽也好，总是那么相宜。

　　痛取生性强健，大太阳、大水养着，无论春秋，不管冬夏，都能长得壮壮的，也没什么病虫扰人。如果光照不足，那么红叶就会返绿，茎长而软，叶薄而大，美丽不再。如果缺水，会导致茎下部老叶枯萎，光秃秃的茎，顶着一丛叶，也丑得很。

痛取

67

弟切草

　　江户时代编写的日本第一本百科全书《和汉三才图会》记载，相传花山院朝，有一位"鹰饲"叫晴赖，凡有鹰受伤，只要用他采的药草涂敷，伤口马上愈合。晴赖对于草名一直秘而不宣，不料被他的胞弟泄露了出去，晴赖盛怒之下，用刀将弟弟砍伤，从此，人们就把这种治疗鹰伤的药草叫作了弟切草（*Hypericum erectum*）。

　　弟切草是藤黄科金丝桃属的多年生草本，高 30 ~ 60cm，叶片、花瓣、花萼、花药都具有黑色腺点，富含金丝桃素，汁液微甜，有香味，产江苏、安徽、浙江、福建、台湾、湖北、湖南等地，日本全境、朝鲜半岛也有分布，生于向阳的山坡草丛中。在日本常被制成"弟切草酒"，用于敷制外伤炎症，特别是对虫子叮咬有佳效。

　　弟切草有许多变种和园艺品种，株型、叶形和腺点变化丰富，山野草中一个常见的小型观赏品种，叶片和花都没有黑点，株高只有 20cm 左右，长椭圆形的叶片，两两对生，抱着一根根通直的草茎，由下而上，深绯红色渐变为浅嫩绿色，宛如彩虹，那一份娇俏，真是醉人。每年夏、秋间，弟切草茎端枝枝丫丫开满了黄色的小花，花后结成的果实，两侧具龙骨状凸起，一棵棵排列着，如同古代的头饰"翠翘"，但比因此而得名的连翘形小，故而，中国叫它小连翘，也是常用的伤药。

　　弟切草粗放强健，喜阳喜水，耐寒耐热，莳养简单。在江南，春、秋、冬三季都要全光照养护，夏天则需移至半阴处放置，以免叶片灼伤。弟切草虽然喜水，但过湿会导致根腐烂，因此，四季浇水都需把握不干不浇。在夏天，则要注意不能缺水，稍稍缺水，就会导致叶片枯萎。弟切草不甚喜肥，只需在春天放一次缓效性肥料即可。

弟切草

莺堇

　　莺堇（*Viola banksii*）是堇菜科堇菜属的常绿草本植物，圆圆的叶片叶缘有宽而浅的缺裂，基部有一个深"V"形裂口，中国叫它肾叶堇，原产于澳大利亚中海岸布里斯班附近的巴特曼斯贝一带，是一种常见的栽培观赏植物。

　　莺堇具有发达的根茎，节节生根，节节长叶，叶片簇生直立，高约 10cm，葳蕤葱茏，色泽鲜明，因此得名，日本的"莺"字有葱茏的意思。每年暮春一直到仲秋，莺堇开花持续不断，花径 2cm 左右，花瓣向后翻翘，圆圆的，中间紫色，四周白色，一批接着一批，高高地立在绿叶丛中。盆外下垂的根茎节上同样也缀满了花，盈盈花瀑，热烈奔放，十分靓丽。莺堇那对比鲜明的双色花朵还让人们联想起了同样双色的大熊猫，因此，熊猫堇成了莺堇的一个可爱的流通名。

　　澳大利亚的东部和南部产有一种常春藤叶堇菜（*Viola hederacea*），和莺堇十分相似，经常被人误认为是莺堇。常春藤叶堇菜和莺堇的区别在于叶片圆整，叶缘有细锯齿，基部裂口浅，两侧裂缘重叠，花朵白色部分多，上部两片花瓣偏长，花量偏少，没有莺堇那样被广泛应用栽培。

　　莺堇喜半阴湿润环境，耐热畏寒，在江南日常莳养要放在无直射光的明亮处，保持盆土潮湿，冬天需进室避寒，否则，叶片凋萎。莺堇喜肥，一般每隔 3 月放置一次缓释肥，以保持鲜明的色彩和不断地开花。莺堇一般采取分株繁殖，要结合繁殖，及时剪除垂挂盆外过长的根茎，否则会造成盆面叶片稀疏，影响观赏。剪下的根茎，随剪随种，成活率高。

莺堇

南山堇

  堇菜属植物的叶片有全缘和羽裂两种，具有羽裂叶片的堇菜叫裂叶堇。分布在日本的裂叶堇有南山堇（*Viola chaerophylloides*）、叡山堇（*Viola eizanensis*）、肥后堇（*Viola chaerophylloides* var. *sieboldiana*）三种，其中南山堇在中国也广泛分布，因生长在向阳山坡而得名；叡山堇、肥后堇都是日本的特有植物，以原产地名命名。

  南山堇的花朵一般是白色或淡蓝色，其中有一个开红花的，原产九州，当地称为狭雾堇，后来，植物学家铃木进把它命名为红花南山堇，直到 2007 年，最终被确立为一个独立的园艺种。

  红花南山堇和叡山堇杂交得到了一个花色为深玫红色的园艺品种'红鹤'（*Viola chaerophylloides* 'Benibana Nanzan'），花期 3 ~ 4 月。'红鹤'堇与红花南山堇相比，株型矮小，花期仅高 8cm 左右，花后逐渐增大，也不会超过 15cm，花色更为鲜艳明快，叶片羽裂更细，而且花香浓郁，是一个十分受欢迎的山野草品种。

  '红鹤'堇是容易种植的盆栽植物，日常放在半阴处，夏季移至无直射光的明亮处；除了冬天休眠期适当控水外，其余季节都要保持盆土潮湿。春、秋两季，每隔一周施一次稀释的液肥。'红鹤'堇通过播种和分株繁殖，播种一般在秋季采取闭锁花的种子进行，分株一般在初春开展。

  名叫红鹤堇的堇菜园艺品种还有一个肥后堇和叡山堇的杂交种红色平塚堇，与红花南山堇和叡山堇杂交得到的'红鹤'堇相比，株形略高，花色为嫣红色，下唇瓣有白晕，叶片羽裂较宽。

南山菫

矶菫

矶菫（*Viola grayi*）是一种日本特有的菫菜，分布在北海道、本州的沿海边，生长在沙滩上，故而得名。1928年，由植物学家牧野富太郎在日本新潟县濑波海岸发现，并命名为濑波菫，一般都称作矶菫。

矶菫木质化的地下茎粗壮，地上茎高20cm以内，心形的叶子厚而小，光滑亮绿，边缘翻卷，有栉齿状的托叶。5～7月是矶菫的花期，花茎斜出，花朵直径2cm左右，比叶片大了许多，花色一般是深蓝色，背后拖着白色的花距。生长在不同区域的矶菫，花色也不同，分布在太平洋海岸的是淡紫色，在日本海海边的颜色更淡。

矶菫喜欢阳光充足、冷凉的气候，耐寒强，适应干燥的环境，在江南半常绿。种植要用中等颗粒桐生砂、赤玉土混合的介质，透水透气。春、秋、冬都要放在半阴的场所莳养，夏天则要移至明亮通风的地方，不能遮阴。日常浇水坚持不干不浇，冬夏两季要适当控水。矶菫耐瘠薄，只需在春、秋季略施薄肥即可。繁殖矶菫通常采取籽播和分株，籽播在果熟开裂时即时进行，分株一般在春季开展。

小诸堇

小诸堇（*Viola mandshurica f. plena*）是堇（东北堇菜）的一个变型，在大正十二年（1923），由中条比正胜氏在小诸市海应院内发现。它的特征是雄蕊瓣化，花朵呈重瓣状，在堇菜中很少见，现在是小诸市的市花。

小诸堇生长高 5 ~ 10cm，根生叶鲫鱼形，成束生长，叶子边缘有波浪形的锯齿。花期 4 ~ 5 月，花茎和叶片等高，花色有深紫色和白色两种。白花小诸堇是赤井百合氏从原生种中选育出的一个品种，白色的花瓣微染淡淡紫晕，清晰地镶着一条条蓝紫色的筋线，雅致而可爱。

小诸堇是易种植的盆栽植物，日常莳养要放在明亮的背阴处，早春到深秋枯萎前，盆土稍干就要浇水，冬季休眠期适当控水。初春、初秋各施一次缓释肥，或者春秋两季每隔 7 ~ 10 天施一次液肥。每年休眠期或者花后进行翻盆，翻盆时可进行分株繁殖。小诸堇正常花不结实，闭锁花能结实，可采取闭锁花种子播种。

小诸堇

75

堇

堇（*Viola mandshurica*），是东北堇菜的日文名。日本人认为东北堇菜的花色是最纯的"堇色"，因此就把表示堇菜科堇菜属植物的统称——堇，拿来称呼了它。《汉书·地理志》云："豫章出黄金，然堇堇物之所成"，堇堇即仅仅，有少、小之意，堇菜属植物株高大多 6～10cm，确实是普通植物中的小者。日名「スミレ」则是指花的形状像以前木工用的墨斗，这是日本植物分类学之父牧野富太郎的解释。

堇菜属的植物大体上可分为两类，一是从根上直接长出叶子开花的无茎种类，一是先长茎，茎上再开花的有茎种类。东北堇菜是无茎类，只有粗短的地下茎，箭镞状的叶片从根际发出，叶尖圆圆的，有着稍稍长一些的叶柄，同时还会长出一些长圆形的叶片，这是堇菜属植物的一个特点，叶形变异丰富，同一株堇菜上会长有不同形状的叶片。开花后，东北堇菜的叶片逐渐增大成长三角形，长可达 10cm。

东北堇菜的花朵开放在仲春，深蓝色，5 枚花瓣对称地分布着，微微低着头，灵秀，文静，隐约还带着一丁点儿的俏皮，在花天花地里，纯然一副小家儿女的模样。东北堇菜的花虽小，但结构却复杂精致，是典型的虫媒花构造。下面那片花瓣基部形成向后延伸的凸出，叫作"距"，内有蜜腺，分泌花蜜，用以吸引昆虫。东北堇菜除了正常开放的花外，还有一类不开放的"闭锁花"，一般在夏季出现。两种花都能结果，春果少，夏果多。堇菜果实成熟时，由下垂而挺立，开裂为 3 瓣，将种子弹射到远处，生生不息。这也是堇菜属植物花果的特性。

东北堇菜具有许多变型、变种和园艺品种，花色多变，有红紫色、纯白色，白底紫纹、白紫双色、深色斑块等等，花型也有单、重瓣之分，还有叶面具黄色散斑的品种，多姿多彩。

东北堇菜广布于中国北方、台湾等地，朝鲜、日本、俄罗斯远东地区也有分布，在光照良好的田头路边、草地山间处处能见，耐寒、耐暑、耐干、耐湿，生性强健，莳养简单，只要放在半阴的地方，水分充足，略施薄肥，东北堇菜就能花果繁盛。东北堇菜自播能力强，要在蒴果刚开裂时及时收集种子，随采随播，出苗率极高，籽播苗的变异率也高。要保持母株性状，一般采取分株繁殖，在春、秋两季进行。

菫

一花堇

　　一花堇（*Viola orientalis*）是一种开黄花的堇菜，芊芊草茎，一茎一花，故而得名，中文名叫东方堇菜，产中国东北，俄罗斯远东地区、朝鲜、日本也有分布。在日本主要分布在本州、四国、九州的火山地带，生长于稀疏的树林和向阳的草地，是日本列岛与大陆接壤时代遗留下来的"大陆系遗存植物"的代表性物种。

　　一花堇具有粗壮的根茎，根出叶心形，边缘有钝锯齿，叶表粉绿色，叶背淡紫色，两面都有毛，叶表稀，叶背密。草茎高度不超过 15cm，茎生叶 3 枚，下面 1 枚有较长的叶柄疏离在外。3 月下旬到 5 月是一花堇的花期，一朵朵明黄色的花朵着生在草茎顶端，上方花瓣与侧方花瓣向外翻转，基部内侧有淡紫色斑纹，下唇瓣有淡紫色的筋条，花距极短。

　　日本产的黄色系堇菜大多分布在高地多雪的地方，低山、平原生长的只有一花堇，在一众"堇色"中独树一帜，野外花开成片时，染黄了大地，让人心情振奋；盆栽，朵朵黄花摇曳枝头，看着，舒怡得紧，深受喜爱。

　　一花堇耐寒性强，虽然不是高山植物，但也喜光怕湿，耐热性弱。在江南，一花堇春、秋生长，夏、冬休眠。生长期和冬季要放在半阴处，夏天休眠时移至无直射光明亮的地方。生长期浇水见干见湿，休眠期适当控水，过湿会导致腐烂。一花堇耐瘠薄，只需在春秋两季每隔 10 天左右施加一次液肥。一花堇繁殖一般通过收集初秋闭锁花的种子播种，出苗率高；也可剪切根状茎分植，一般在初春进行。

一花菫

鸟足堇

鸟足堇（*Viola pedata*），堇菜科堇菜属多年生草本，原产北美洲东北部，生长在阳光充足、干燥的山地森林和排水良好的边坡、空地及路边。

鸟足堇株高 10cm 左右，具有粗壮的根状茎，根状茎上直接发出的叶片为三出复叶，小叶深裂，犹如鸟的爪子，因此而得名。4 ~ 6 月是鸟足堇的花期，3cm 左右的花朵既大又美，花茎斜出，低于叶片高度，或挺立，或倒伏。鸟足堇的花色是区分不同变种的依据，原变种（*Viola pedata* var. *pedata*）的花是均匀的淡蓝色；同色鸟足堇（*Viola pedata* var. *lineariloba*），5 个花瓣花色都是从深蓝紫渐变至粉紫色，其中有一个白色的品种很少见；二色鸟足堇（*Viola pedata* var. *bicolor*），上部 2 个花瓣深紫色，下部 3 个花瓣浅蓝色，配以黄色的雌蕊，格外引人注目。

鸟足堇耐寒性强，喜欢冷凉气候，江南的夏天高温潮湿，鸟足堇进入半休眠状态，叶片枯萎，需要放在明亮的通风阴凉处，不能遮阴，否则会导致腐烂，其他季节则要放在向阳半阴的地方。鸟足堇忌重肥，只需在花后补充一些有机肥，施肥稍多就可能造成根部受伤而腐烂。鸟足堇忌潮湿，栽培要用透水的颗粒介质，盆面干燥后才能补水，夏季更要适当控水。鸟足堇没有严重的病虫害问题，如果排水不良，会引起茎腐病。

鸟足堇通过籽播和分株繁殖，分株在春天或者秋天进行，籽播繁殖比其他大多数堇菜难。

鸟足堇

礼文草

礼文草（*Oxytropis megalantha*），豆科棘豆属多年生草本，日本北海道礼文岛的特有种，分布在风大而树木无法生长的草原上，这种地方有个名字，叫"风冲草原带"。

礼文草生长高 10 ~ 25cm，初春积雪融化时，10 片左右的嫩叶，如羽毛般舒展开。随后，抽出粗粗的草茎，叶片和草茎度密布白色的长毛。初夏，礼文草开出了串串花朵，如蝶般密密地聚在一起，桃紫色、紫红色、粉红色、白色，嫣嫣的，洋气得很。花后，结成豌豆一样的果实，不久，变色裂开，一粒粒小豆子从中蹦出。到了深秋，礼文草落去了一年的繁华，沉沉睡去。

礼文草喜阳、喜水，耐寒性一般，耐热性稍弱，一年四季喜欢通风采光，只是夏天需要 50% 的遮光，防止晒伤叶片；冬天需要放在不加温的温室或室内有阳光的地

礼文草

礼文草

方。春天、秋天和夏天需要每天浇水，确保盆土潮湿；冬天，则要见干见湿。春天发芽后到开花前，秋天9月下旬开始到10月下旬，每隔2周施加1次液体肥料，并可各放置一次固体缓释肥。礼文草在夏季高温多湿的环境下易得软腐病，在其他季节，还易受蚜虫、红蜘蛛等害虫的侵害，日常要按时做好药物防治。

礼文草根系发达，生长很快，容易把盆撑满，造成根堵塞，因此每年春季发芽前都要进行翻盆，剪去1/3的根量，除去残留的叶柄和枯萎的老茎，种植时，芽点需稍露出盆土。在花后，如果不需要采取种子，则要及时剪除败花，日常需及时摘除黄叶、老叶、病叶。

礼文草繁殖有分株、芽插和籽播三种方法。根出茎数量多的植株，一般采取分株繁殖，在翻盆时进行，只是礼文草草茎粗、须根少，分株后培育有一定难度。根出茎数量少的植株，一般采取芽插法，春季发芽后，挖取草茎上的嫩芽，涂抹生根药物，用细颗粒介质培养，经3个月到半年开始生长，1年后开花。播种繁殖是最普遍的方法，开花后，对花序揉拨，进行人工授粉，待果实变色时采种，随采随播，经2周到1个月左右时间发芽。如果把种子放入冰箱保存，来年3月下旬播种，需1个月左右发芽。幼苗长出4张真叶时移植，2年后开花。

春委陵菜

春委陵菜（*Potentilla neumanniana*），蔷薇科委陵菜属常绿草本植物，是原产欧洲的园艺种，中文名叫纽曼委陵菜。春委陵菜往往还有一个学名 *Potentilla verna*，这实际是一个拉丁异名。

5月，春委陵菜去年冬季的红叶已经消退，嫩绿的新叶丛中开满了明黄色的小花，5个花瓣，犹如点点黄梅，在熏风中微微摇摆。花后，春委陵菜随即抽出了匍匐茎，一转眼，一条条地垂满了盆沿，那美丽的小花又在茎节绽放，弄绿搓黄，更显其明媚。经过一个赤日炎炎的盛夏后，春委陵菜稍事休整，在秋天还会开一批花，只是花量少了许多。

春委陵菜叶片是典型的五出复叶，小叶叶缘密布锯齿，叶柄5～10cm，根系发达，生长旺盛，种在花园里，匍匐茎节节生根，一下子就能铺满那些隙地，绿油油的一片，是防治庭院杂草的佳选。

春委陵菜

春委陵菜

春委陵菜是一种强健的植物，暑热寒冷都不怕，耐湿耐旱，抗病抗虫，花期又填补了夏季缺花的空白，普适性较强，作为优秀的地被植物，目前，在我国华东地区绿化中已经有少量应用。

春委陵菜虽然管理粗放，但一定要全日照，通风透水，并在早春和秋天花后施足肥料，如果日照不足和过于潮湿，生长变弱，容易腐烂。春委陵菜繁殖容易，只要剪取匍匐茎扦插，成活率很高。

春委陵菜盆栽并不普遍，栽种较多的是另一矮生种——茜金梅（*Potentilla neumanniana* 'Nana'），也是原产欧洲的一个园艺种，株高只有 3 ~ 5cm，匍匐生长，生长缓慢，具有辛辣的香味，花期 4 ~ 6 月，冬天落叶，与春委陵菜比，花更大，叶更小。

耽罗吾亦红

耽罗吾亦红

　　蔷薇科的地榆，秋天，塌了一地的叶丛中，棒状的花序开满了暗红色的小花，日本人叫它"吾亦红"，蔷薇科的花总有点香味，又称了"吾木香"，这本来乏味的花名和不起眼的身姿，顿时生色了许多，也增了几分情趣，纵是不待见这花的，听了这名，料想总要倾情一点了。

　　韩国的济州岛有一种矮型的吾亦红——耽罗吾亦红（*Sanguisorba officinalis var. microcephala*），也叫丹那吾亦红、丹那吾木香，济州岛古称耽罗、丹那。在江南，耽罗吾亦红 6～8 月开花，花期与其他秋天开放的地榆也不同；花时高 30cm 左右，只有其他地榆的四分之一，很是小巧可爱。

　　耽罗吾亦红很结实，喜光、喜水、喜肥，酷暑严冬都不怕，要向阳莳养，盆土略干就要浇水，特别是夏天不能缺水；从初春发芽到深秋枯萎，每月施 3 次液体肥或者每 3 个月施一次缓释肥。只是需要保持通风良好，否则易得白粉病。

　　耽罗吾亦红通过播种繁殖，一般随采随播，出苗率较高。

耿罗吾亦红

姬风露

姬风露

姬风露（*Erodium × variabile*），牻牛儿苗科牻牛儿苗属多年生常绿草本，是 *Erodium reichardii* 和 *Erodium corsicum* 的杂交种，原产于地中海沿岸，日本引种后，就把和它模样差不多的纤细老鹳草（*Geranium robertianum*）的名字——"姬风露"给了它。老鹳草，日本称为风露草，也是一宗大类的山野草。

姬风露高 5 ~ 10cm，节间很短的茎铺地蔓延，叶子卵形，边缘心形浅裂，毛茸茸，小小的，很可爱。花期从 6 月开始到 9 月结束，花朵直径 2cm 左右，有红色、粉红色、白色、红白相间等颜色，花型也有单瓣、重瓣之分，品种很多，种名 variabile 就是变化多端的意思。其中有一个 *Erodium × variabile* 'Roseum' 作为山野草栽培普遍，花单瓣，明亮的桃红色上有致地布着红色的网状纹路，精致得很。花后结成蒴果，有一个长长的尖凸，像极了苍鹭的喙，这就是属名的由来。中文名"牻牛儿苗"也是取自这个"喙"，旧时小孩把这个尖突看作牛角，采摘了这类果实以为斗牛之戏，斗牛古称"牻牛"，因此才有了这个名字。

姬风露喜欢阳光充足、凉爽干燥的环境，耐寒性强，耐热性稍弱。在江南，春、秋、冬三季都可放在半阴处常温莳养，浇水见干见湿，正常施肥。夏季，姬风露会出现短暂休眠，叶片稍有枯萎，要放在明亮的阴凉处，适当控水。

姬风露一般采取播种繁殖，也可剪取草茎扦插，一般在 5 月进行。

屋久岛小茄

屋久岛小茄

提到屋久岛，大家就知道又是一个"小家伙"了。确实，屋久岛小茄（*Lysimachia japonica* var. *minutissima*）就是小茄的微缩版，报春花科珍珠菜属常绿草本，分布在屋久岛海拔 900 ~ 1700m 的山地半阴潮湿处，茎细弱，四棱形，基部分枝簇生，匍匐伸长，长 20cm 左右，覆盖地面，通常只有 1 ~ 2cm 高。小小的椭圆形叶片，有一个尖凸，两两对生，一轮一轮顺着草茎十字形交错着生长，全身被着稀疏的短灰毛。初夏，星星状的小黄花覆盖住了绿色的叶子，同样星状的雄蕊，显眼地凸在外面，满满一盆，靓丽而奔放。花后结成的果实是球形蒴果，黑褐色，包裹着 5 裂的花萼，看起来像个小的圆茄子，因此得名"小茄"，也有人说像个帽子，就把它又叫作了"乌帽子草"。

屋久岛小茄生性强健，没有严重的病虫害，耐寒性强，在江南冬季常绿，匍匐性强，但匍匐茎短，又易于控制蔓延范围，适合用作公园、绿地半阴潮湿地带的小块地被，布置在溪流、池塘边，开花时很美，只是不太耐践踏。盆栽观赏，半阴处莳养，保持盆土潮湿。在江南的夏天，需要移至阴凉处，适当控制水分，叶片部分腐烂，秋季逐步恢复。

屋久岛小茄匍匐茎节节生根，扩繁时，只要剪取一定长度的匍匐茎，重新种植即可，成活率较高，一般在 3 月底和 9 月初进行。

丁字草

丁字草

　　丁字草（*Amsonia elliptica*），每年五六月间，尺余长的茎端长出一团粉蓝色的小花，花冠平摊着展开，犹如一个个"丁"字，它的名字就是这样来的。丁字草喜欢长在水边那样潮湿的地方，味道有点甜，因此中国把它叫作"水甘草"。

　　水甘草属植物的叶子都是细细长长的，作为属长的丁字草，叶子最宽，学名中的elliptica 就是椭圆形的意思，明确表明了它区别于家族成员的特征。

　　丁字草虽然是夹竹桃科的植物，但中医认为"无毒"，把它和甘草一起煎服，用来治疗"小儿风热、丹毒疮"。但是，在日本，人们认为丁字草与其他的夹竹桃科植物相同，全草都含有生物碱毒素。

　　野生的丁字草一般出现在半阴的地方，但"体质"强健的它，也能在向阳处长得好好的。丁字草株形比较高大，更适合种植在庭院中，或者用于生产鲜切花。

丁字草

天鹅绒立浪草

　　天鹅绒立浪草（*Scutellaria indica* var. *parvifolia*）是立浪草的一个小叶变种。立浪草就是韩信草，唇形科黄芩属常见野花，开花时，成片成片的花穗随风起伏，犹如浪尖翻腾，因此日本、中国台湾沿海地区就叫它"立浪草"。不同的立浪草种在一起，容易种间杂交，花色、株型变异大，具体品种不容易识别。

　　天鹅绒立浪草又叫小叶韩信草，中国、日本、朝鲜都有分布，叶片只有立浪草的1/3 不到，毛茸茸的，很脆，一碰就要折断。花茎略带红色，5 ~ 6cm 高，也是布满了白色的茸毛。到了五六月间，茎的先端抽出了花穗，一朵朵唇形的花昂着头，蓝色、紫色或粉红色，偶尔也有白花。花后，天鹅绒立浪草就结成了如同挖耳勺那样的果子，有趣得很。天鹅绒立浪草矮小紧凑，花色、叶色明朗、干净，透着一股灵气，也是普受欢迎的山野草之一。

天鹅绒立浪草的果

天鹅绒立浪草

　　天鹅绒立浪草生性粗放，喜光、耐热耐寒，在江南，四季全光照常温管理，只是盛夏稍需遮阴。天鹅绒立浪草忌涝，日常养护需注意略带干燥，太湿了会导致茎叶腐烂。要控制施肥，只在初春发芽时施加 1 ~ 2 次就够了。如果肥料充足，天鹅绒立浪草会长得过分旺盛，失去美观。

　　天鹅绒立浪草根茎发达，盆栽要及时翻盆分株，一般在初春植株发芽前进行。其果实成熟后，散落的种子立刻就发芽了。也可收集后储存在冰箱里，到翌年 3 月播种，发芽率也很高，生命力相当旺盛。

纱罗叶大叶子

纱罗叶大叶子，是车前草（*Plantago major*）的一个皱叶园艺品种，一般有黄色的斑纹，叶形、叶色变异丰富，适合于盆栽观赏。

鲁迅翻译俄国盲诗人爱罗先珂写的童话剧《桃色的云》时，许多植物名字都没有译成中国名，仍旧沿用了日本名，他在译后记里说"这因为美丑太相悬殊，一翻便损了作品的美"。确实，诸如萤袋就是紫斑风铃草、春雨草就是耐阴虎耳草等等，既不累赘，又有诗意。但日本的植物名也不尽然美胜于中国名，如称车前草为"大叶子"，同样是直白得很，而且甚无来由，大叶子的草实在多得无其数，无非随口呼来，约定俗成而已。

"纱罗"是日本的园艺用词，专指皱叶的性状。尽管"大叶子"加上了"纱罗叶"怎么读怎么拗口，但这种"大叶子"还是可观的。它的叶片短小肥厚，弯曲褶皱，叶色浓绿，饰以不规则的亮黄色斑纹，确实比用于绿化的花叶车前草要有味道得多。

纱罗叶大叶子喜阳耐阴，耐寒耐热，喜水耐干，实在是好养，平时放在全日照环境中，黄色斑纹美丽，江南只需在盛夏时节遮阴，如果长期荫蔽，会导致叶片返绿，影响观赏效果。纱罗叶大叶子对肥料要求较高，如果缺肥，叶片会变薄，色彩黯淡；但只需春、秋各施一次缓释肥即可，不能过量，否则会导致生长过快，失去紧凑的株型。

纱罗叶大叶子秋天开花，花后结果，种子细小，自播能力很强，盆面周边都会长出许多幼株，也可通过剥取萌蘖来繁殖。

纱罗叶大叶子

龟甲白熊

　　龟甲白熊（*Ainsliaea apiculata*），菊科兔儿风属草本植物，日本、韩国南部有野生分布，生长在低山山地森林内干燥的树荫下，株型娇小，只有 9 ~ 10 月开花时，才能引人注目。2012 年，江苏省中国科学院植物研究所等单位在连云港市云台山首次发现了这种植物的野生群体，并将它的中文名拟为"龟甲兔儿风"，这是这种兔儿风在我国的新分布记录。

　　龟甲白熊有着细长的地下茎，一丛五角形的叶片伏盆而生，叶子的两面长有茸毛，状似龟甲。每到初秋，抽出 10cm 左右的花茎，一个个头状花序呈总状或复总状排列，开出 3 个合体的筒状白色小花，乍一看，似乎是一朵具有 15 个细裂片和 3 个雌蕊的花朵，花后结成的果实具有长长的褐黄色冠毛。那细长的花冠裂片很像用牦牛尾毛做成的盔饰、枪缨及拂尘，这类东西日本称为"熊"，因为是白色的，所以和叶片的拟象

龟甲白熊（郑军 摄影）

龟甲白熊

合起来就把这种植物叫作了龟甲白熊。

　　龟甲白熊花序中有很多花苞没有开放，后来也结成了果实，这种花叫"闭锁花"，比正常开放的花苞瘦小得多，播种后第一年的龟甲白熊幼苗生成的全部是闭锁花，第二年才有正常花开放。

　　龟甲白熊喜阴，只在初春发芽时需要晒一晒，展叶后，就要移至半阴的地方莳养，否则会造成叶片枯焦。龟甲白熊虽然野生在较干燥的地方，但盆栽不能缺水，一旦缺水，叶片就会枯萎。龟甲白熊不甚喜肥，只要在春天和秋天各施一次缓释肥或每月 2～3 次液体薄肥即可。

　　龟甲白熊繁殖一般采取籽播，果实成熟后，随采随播。

金华山小滨菊

金华山小滨菊

山野草中所称的小滨菊（*Chrysanthemum yezoense*），是菊科菊属的一种，分布于北海道到关东茨城县一带太平洋沿岸的悬崖边和沙地，本州最北端青森县日本海一侧也有分布，并不是菊科小滨菊属（*Leucanthemella*）的植物。

小滨菊株高 10～20cm，叶片深绿色，肉质，卵形，有 5 个浅裂，叶柄长。花期 9～12 月，黄色管状花的四周围着白色的舌状花，花径大，5cm 左右，清新淡雅。

20 世纪 80 年代，有一家到宫城县牡鹿半岛尽头的金华山游玩时，带回了沿海码头上岩石缝里开着花的一株小滨菊。这株小滨菊长得比常见的小滨菊矮小紧凑，叶柄稍短，叶片略小，平展的基部以上布满宽的浅裂，花径只有 3cm 左右，更是娇俏，也更适合盆栽观赏。采摘回来后，经过 30 余年的培育，这种小滨菊已经成为了人们喜爱的山野草品种，名字就叫金华山小滨菊。

金华山小滨菊生性强健，喜光喜水，耐寒性强，耐热性稍弱，栽培容易。全光照莳养，见干见湿，遮阴和过于潮湿都会导致叶片腐烂。在江南，盛夏需半阴养护，适当控水，冬天落叶后，也要略带干燥。金华山小滨菊耐瘠薄，只需在早春施加一次缓释肥。

金华山小滨菊花后结实，有发达的根茎，无论籽播和分株繁殖都较容易。

小浜菊

济州岩菊

济州岩菊（*Chrysanthemum zawadskii* subsp. *coreanum*）是岩菊（*Chrysanthemum zawadskii*）的一个亚种，菊科菊属多年生草本，产于韩国济州岛，生长在海岸附近的岩石上或者山地林下、溪边，是耐寒的朝鲜菊花的重要亲本。岩菊，中国名是紫花野菊，广泛分布在中国北方、日本、朝鲜半岛、西伯利亚等地，是大陆连接时代的孑遗植物，株高 20 ~ 50cm，花有紫、白两种。

济州岩菊株高 10cm 略宽，匍匐在地面上，与高大的岩菊比，矮小紧凑得多。叶片比岩菊的略厚，深绿色，有光泽，二回羽状分裂更深、更细，恰如鸟羽一般。济州岩菊花期 9 ~ 11 月，花朵直径 3cm 左右，管状花黄色，舌状花紫红色。济州岩菊花开时节，圆圆一捧绿叶上，飞红揉黄，规整中多了一份灵动，清纯而活泼，深受山野草爱好者喜爱，栽培广泛。

济州岩菊

济州岩菊

济州岩菊栽培容易，在全光照和半阴环境下都能旺盛生长，在江南，度夏需要移至半阴处。济州岩菊喜湿也耐寒，盆土表面略干就要浇水，夏天须适当控水，浇水过多会导致腐烂。济州岩菊耐寒性强，冬天休眠后可常温越冬，适当控水。济州岩菊可播种繁殖，采集种子后，放入冰箱储存，到来年春天下播；也可嫩枝扦插和分株繁殖，在 4 ～ 5 月进行，成活率高。

姬里白勋章菊

　　姬里白勋章菊（*Dymondia margaretae*）并非勋章菊，是南非开普省的特有植物，国内也译作垫状灰毛菊，菊科垫状灰毛菊属（*Dymondia*）常绿草本，仅此 1 种，分布在沿海滩地和季节性湿地。1933 年，科斯坦斯国家植物园科考队队员 Margaret E. Dryden-Dymond 在布雷达斯多普地区一路边首次发现并采集了标本，此后再也没有发现新的植株，直到 1949 年，H. David 从一个博得堡旅行者的脚上再次收集到一些碎片。1950 年 10 月，又在南非羚羊国家公园干燥的浅盆地里发现了覆盖着地面的这种植物。1953 年，南非植物学家 Robert Harold Compton（1886-1979）就用首次发现者的姓名对这种植物进行了命名，并予以发表。

　　姬里白勋章菊是多年生常绿草本，只有 5cm 高，基生叶莲座状，叶片线形，小而硬厚，叶面翠绿色，镶着白边，稍稍弯曲，叶背密布银白色短茸毛，有匍匐、多分枝的根状茎，生长迅速，形成密集、平展、扁平的生长垫，像地毯般覆盖在地面上。在原产地，姬里白勋章菊全年开花，在我国江南只 4 ~ 6 月开花，花小，直径 2.5cm，贴梗而生，舌状花和管状花都是黄色，在江南，花后不结实。

　　野生的姬里白勋章菊分布区域狭窄，属于濒危物种，但因其根系深而发达，非常耐旱，用它来填补公园步石、台阶、假山石缝，干旱地区代替耗水量大的草坪，滨海地带固沙保土，效果都很好，有"活水泥"之称，健壮、精神、美观而又实用，所以园艺上使用十分广泛，盆栽观赏也很受欢迎。

　　姬里白勋章菊流传到日本后，因其状似勋章菊，而叶背白色，个头小，日本人就用一种生长于南方、用于正月装饰、叶背也是白色的蕨类植物"里白"和勋章菊来比拟它，因此才有了这么一个拗口的名字——姬里白勋章菊。姬里白勋章菊需要全日照莳养，能耐 -7℃低温，浇水见干见湿，稍带干燥，一般待叶片略有卷曲时补水，不耐阴和潮湿。姬里白勋章菊最常见和最容易的繁殖法是分株和扦插，一般在 4 月、5 月、6 月、8 月进行。也可通过套盆，让匍匐枝茎尖在湿润的介质上生根后，剪取扩繁。

姫里白勋章菊

姬石蕗

石蕗（*Farfugium japonicum*），就是大吴风草，产于中国东南部、日本南部沿海和朝鲜半岛南部，生长在低海拔地区的林下，山谷及草丛的岩石间，作为耐阴植物，被广泛用于园林绿化。

石蕗株型高大，基部长出的叶片团团的，大大的，很像"蕗"的叶片，又喜生在石间，就叫了"石蕗"。又因肥肥的叶片光泽耀人，日本还称之为"艳蕗"。"蕗"就是"秋田蕗"，也叫蜂斗菜，日本的一种蔬菜，产于北海道足寄町，动画片《龙猫》中龙猫头上顶着的就是"蕗"的叶片。

石蕗四季常绿，每到秋天，开满了硕大的黄花，花葶高达 70cm。和"蕗"一样，石蕗的春季嫩叶也可食用，过后，全株只能作药了，消炎消肿，治疗湿疹有佳效。石蕗生性强健，随处而安，变异众多，品种丰富，其中，一种小型大吴风草常作山野草栽培，叫姬石蕗，据日本记载产于我国云南山涧，也称云南石蕗。

姬石蕗株型紧凑，株高不到 15cm，春季初生叶紧贴着盆面，密被黄色柔毛，不像石蕗那样边缘内卷，肉肉的毛茸茸一堆，可爱得极。姬石蕗与石蕗花期也不同，它是春天开花，花与石蕗相似而小。姬石蕗也很容易莳养，只是比石蕗更需要光照，如果光照不足，会引起徒长，除了夏天遮阴，其他时候都要放在光照稍强的半阴处，但要避免日光直晒，经日光直晒后，叶片变红，加速老化枯萎。由于姬石蕗叶子茂密，平时要及时剔除枯叶，浇水时要避免积水，否则会导致根、叶腐烂。姬石蕗相比石蕗，耐寒性差，在江南，11 月就要进室莳养。

姫石蕗

石 蕗

石蕗（*Farfugium japonicum*）幽幽、淡淡，但又不拒人于千里之外，该有的那份热情总是在的，日本人对它情有独钟，最爱用它为庭院装饰，石山旁，墙角边，夏萌冬茂，秋天还有黄花，非但不违和，还十分相宜，历代日本文人吟咏不绝，它是俳句中的冬季语。因此，从江户时代以来，日本不断收集各类叶斑、叶形变异的野生种栽培观赏，并培育出了许多园艺品种，变化丰富，从外观来看，主要有以下3类。

1. 叶形变异类。主要有狮子叶，也称牡丹叶，叶缘波状，向叶面卷曲，譬如'舞狮子''曙'；フギレ叶，叶缘卷曲，不规则细刻裂，刻裂较深，向上竖起收拢，譬如有黄斑的'星牡丹'；锯叶，叶缘具不规则宽大的浅裂，向叶背卷曲，譬如'龙角'；罗纱叶，叶面褶皱，如'梵天'；缩缅叶，也叫甲龙叶、升龙叶，全叶细密褶皱，譬如'火云'；叶分枝，叶片复叶化，叶柄顶端分枝，譬如'青龙角'；其他还有叶柄石化、叶柄分枝、襟卷、子宝等等。

2. 花叶类。主要有白色块状斑，譬如'浮云锦'；黄色星点斑，譬如'天星'；黄白色叶缘，譬如'金环'等。

3. 花形态变异、颜色变化类。形态变异主要有重瓣的'八重''千鸟'及舌状花边缘翻卷的管花类；舌状花花色主要有深黄色、明黄色及黄白色等变化，譬如'和泉山吹'是深黄色花，'白兔'是黄白色管花类。

这些园艺品种之间杂交，又产生了许多新的品种，融合了叶形、斑纹、花色、花型的变化，真是琳琅满目，譬如狮子叶和缩缅叶杂交得到的'狮子甲龙'，叶片丝状刻裂，向上紧缩一团；星云和分枝叶的杂交种黄散斑分枝叶，一柄顶端出三叶，绿叶上洒满了黄晕，似有还无。

石蕗园艺品种变化多姿，不同地区生长的野生种类也是丰富多彩，譬如原产奄美大岛、冲绳岛的乱扇石蕗（*Farfugium japonicum* var. *midareougi*），从根际生长的叶子像把扇子，边缘有宽大而浅的刻裂，株高40～60cm，分布在山地的溪流沿岸石间。10～12月，是乱扇石蕗的花期，管状花和舌状花都是黄色，舌状花比石蕗的要窄得多。除了绿叶的，还有一个具有黄色散斑的变异种，株型矮化，叶片变小增厚。

乱扇石蕗长期以来一直是人们喜爱的石蕗品种。

奄美大岛、冲绳岛等地还出产一种琉球石蕗（*Farfugium japonicum* var. *luchuense*），有狭长的饭勺形和扇形两种叶形，其中扇形叶的品种和乱扇石蕗几乎一样，区别只是琉球石蕗叶脉一般是白色的，而乱扇石蕗的叶脉是黄色的。

石蕗生性粗放，容易栽培。莳养宜放在半阴处，尤其是叶艺丰富的品种，如果光照不足，叶面色斑会退去，只是夏季需遮阴。石蕗耐寒性强，耐热性稍弱，盆栽为了防止冬天结冰冻坏肥大的根茎，在持续低温的情况下，还是要移至室内明亮处养护。盆栽石蕗忌过湿，盆面不干不浇，否则会导致烂根。

石蕗通过播种和分株繁殖，种子采集后，放在冰箱保存，待来年春天下播，分株一般在春季操作。石蕗对肥料要求不高，只需春、秋两季各施一次缓释肥。

'天星'

107

早池峰薄雪草

"雪绒花雪绒花，清晨迎着我开放，小而白，洁而亮，向我快乐地摇晃……"，美国电影《音乐之声》中的这首歌曲，唱的就是欧洲阿尔卑斯山脉的高山火绒草（*Leontopodium alpinum*）。火绒草是菊科火绒草属植物的通称，分布于亚洲和欧洲的寒带、温带和亚热带区域，都生于高山或亚高山地区，有着厚密的茸毛，容易着火，常用作生火的材料，因此得名"火绒"。

众多的火绒草中，有一种密被白色茸毛，像覆盖了一层雪一样的薄雪火绒草（*Leontopodium japonicum*）是唯一在中国和日本广泛分布的种，变异也最多，日本称为"薄雪草"。早池峰薄雪草（*Leontopodium hayachinense*）就是日本特有的一种，产于岩手县早池峰山，生长在海拔1917m的山顶蛇纹岩地。也有人认为早池峰薄雪草是北海道大平山和崚山特产的雏薄雪草（*Leontopodium fauriei*）的一个变种。

早池峰薄雪草株高10～20cm，叶片细细长长，一上一下，抱着绿色的草茎，两两互生，表面茸毛淡绿色，背面密被灰白色茸毛。5月，草茎前端生成了一簇暗黄色的头状花序，围着一层长短不一的白色苞片，同样也是覆盖着薄薄的白色茸毛，小巧玲珑，花叶俱美。

早池峰薄雪草喜阳忌湿，耐寒畏热，日常必须全光照莳养，盆土要略带干燥，可以常温越冬。在江南，从梅雨季开始，一直到8月，都要放在背阴凉爽处，尤其要注意水分控制，以防腐烂。早池峰薄雪草十分耐贫瘠，只需在春天施一次缓释肥，如果肥料过多，生长过快，在夏天容易腐烂。

早池峰薄雪草根系发达，江南地方，繁殖一般采取分株法，在早春进行。

早池峰薄雪草

破 伞

中、日给这种植物取的名虽然同样拟了它的形态，但破伞（*Syneilesis palmata*）这个名字远没有中名兔儿伞（*Syneilesis aconitifolia*）有趣，小兔子用的伞，多好玩！初春，破伞从山地树荫下发叶的时候，毛茸茸、圆圆的大叶子半开半闭，就像一把伞，因为刻裂极深，直达中心，叶片成了一条条的，称它破伞确实十分形象。10天左右，那"破伞"就张开了，平坦而宽大，高70～120cm，躲个小兔子一点问题都没有。破伞的叶片有两种，根上发的叶只有一张，匍匐根状茎上长的叶一对互生，初夏，茎端开出一束束白花，并不好看，破伞是观叶的山野草。

破伞中文名叫掌叶兔儿伞，出产在日本本州、四国、九州，生长在低山地林下的斜坡等处，朝鲜也有分布，叶片比中国产的兔儿伞厚，裂片也较宽，盆栽后明显矮化，一直是著名的观叶山野草，有花叶和叶变两大类，花叶品种有散落斑、晕斑等等，叶变类型有石化、狮子叶种种。

破伞喜光、喜干，耐寒、耐热，但怕强风。日常要放在避风的明亮背阴处莳养，春末要提早遮阴，避免叶子晒伤，因为破伞的叶片一年只生一次，如果因风大过于干燥和烈日暴晒晒伤枯萎后，叶片不能更新，严重影响观赏效果，所以保持破伞叶片水分是养护的关键。

日常浇水不宜过湿，要等盆土表面干燥了再补水，夏天要适当增加水分。破伞喜肥，种植的时候，需要放置基肥，从3～9月，每月施加2～3次液肥，盛夏要适当稀释。破伞生性强健，很少受病虫害侵扰，只是要针对食叶害虫做好相应的药物预防。

破伞的繁殖主要采取分株、根培和籽播的方式。分株在春天发芽前结合翻盆进行，同时可以将粗壮的根取下进行根培，一般2～3个月后发芽。破伞结果在晚秋，采集种子后需要放进冰箱保存，经过低温后在明年2月下播，幼苗只有一张叶子，第二年移植后才会继续生长。

破伞

大实紫苔桃

　　大实紫苔桃（*Lobelia angulata*），原产于新西兰等地，也叫紫色蔓越莓，其实这种植物与杜鹃花科的蔓越莓没有一点关系，果实也不能食用。它是桔梗科半边莲属的多年生草本植物，日本认为果实和水果蔓越莓很像，只不过颜色是紫的，个头又大了一圈，才有了这样的名字。

　　大实紫苔桃平卧地表，匍匐生长，绿蔓拖地，绵延长达 50cm。圆形叶片互生，边缘有着粗钝的锯齿，叶面布有稀疏的纤毛。每年 5 ~ 7 月，叶际开出白色小花，镶嵌着一枚亮蓝色的雌蕊，很像半边莲，花冠也是偏在一侧。花后结成圆圆的、具四棱的深紫色果子，被长长的果柄高高地擎着，一直到 10 月才凋萎，盈盈一盆，十分招人喜爱。

　　大实紫苔桃与同属的铜锤玉带草（*Lobelia nummularia*）长得差不多，因此，人们把大实紫苔桃也叫作铜锤玉带草，只是 *Lobelia nummularia* 的花有紫色斑纹，叶片心形，叶缘锯齿细密，叶面密布纤毛，原产于中国南部和西藏，马来西亚、新西兰等地也有分布。

　　花名中的"玉带"得自于它们长长的匍匐茎，紫色的果实形似古代的兵器铜锤，合起来就有了"铜锤玉带"之称。铜锤和玉带在人们眼里，一压邪、一富贵，因此，铜锤玉带草也成了吉祥的表征，西南少数民族常用来治疗肺虚久咳、跌打损伤和无名肿毒。在日本，把它们和"七福神"手中的法器挂起了钩，称为"幸福的果实""神圣的果实"，同样是大吉大利。

　　因着它俩的果子和叶片，人们还起了一些如"铜锤玉带"那样形象的名字。中国认为那紫色的果子像茄子，叶片如同长在地上的浮萍，也像打翻铺了一地的纽扣，"地茄子""地浮萍""扣子草"就顺口成了铜锤玉带草的"小名"；日本人则觉得这个叶片蛮像脸上的小酒窝，就叫它笑窪草，听着就美得很。

　　大实紫苔桃怕冷喜光，江南地方只适合盆栽，日常宜放在通风明亮处，梅雨季开始一直到 8 月中旬，要移至阴凉的地方，避免阳光直晒；冬天则要放在室内有阳光的地方，到清明过后才能移到室外，因为经霜后，大实紫苔桃会腐烂。大实紫苔桃十分喜湿，日常需保持盆土潮湿，尤其要注意空气湿度。大实紫苔桃的繁殖很方便，只要摘取一段匍匐茎，平放浅埋在介质中，没多久，每一节上都会生根。

大实紫苔桃

113

曙萤袋

曙萤袋

曙萤袋（*Campanula punctata*‘Akebono’）是紫斑风铃草中一个花色为"朝霞色"的品种，每到萤火虫飞舞的初夏，那高耸直立、粗壮的花茎上，每个枝头都倒挂着长长的花朵，紧紧收拢着花口，如同孩子们用来放萤火虫玩耍的布袋模样，无论盆栽、切花，还是栽在花园里，都非常受欢迎。

紫斑风铃草原变种开的是白花，带有紫斑，原产中国北部、朝鲜、俄罗斯远东地区及日本北海道西南部、九州等地，生于山地林中及草地中，植株高 30cm 以上，最高可长到 80cm 左右，浑身被着硬硬的白毛，地下具细长而横走的根状茎，在长期栽培过程中，产生了不同花色的品种，曙萤袋就是其中之一。

曙萤袋耐寒畏热，在江南，春天从根状茎开始发芽一直到开花期，要保持充足日照、水分和肥料，一般放在半阴的地方，盆土表面略干就要浇水。夏季炎热，曙萤袋生长转弱，需要移至背阴处；深秋开始休眠，可以露天过冬，这两个时期要适当控水，只要保持盆土湿润。曙萤袋有蚜虫和土蚕为害，要按时防治。

曙萤袋开花结实后，母株也会枯萎，入秋后，根状茎上的新芽逐步膨大，这时要加大肥料供应量，要保证充足日照，以促进新的植株形成。如果种植容器小，会影响新芽发育，花后要及时翻盆分植。

枝花风铃草

枝花风铃草

枝花风铃草（*Campanula raddeana*）原产于高加索地区的格鲁吉亚山区海拔1000m 左右的地带，因着花茎具有分枝而得名，有别于桔梗科风铃草属的大多数种类，也叫高加索风铃草。

初夏开花时的枝花风铃草，一枝枝坚硬的花葶或斜睇，或垂瞰，缀满了硕大的亮紫色花朵，一丁点儿渣滓都没有，搭配着长长的、裹满嫩黄色花粉的花柱，满满的灵气和着朝气扑面而来，爱花人瞧一眼就能被它俘虏。

枝花风铃草的叶片基部圆圆的，向着叶尖拉长，形成一个尖凸，表面粗糙，叶缘布满规则的锯齿，硬硬的，常常会弯曲拱起，手碰到，还有点刺痛感。

枝花风铃草栽培容易，生长也十分旺盛。在江南，日常放在明亮的半阴处，盆土表面略干后浇水，不能过湿，春秋注意施肥。枝花风铃草畏热耐寒，初夏开花后，要及时摘除花茎，因为随着气温升高，枝花风铃草就进入了半休眠期；秋天恢复生长，8月底可以分株繁殖；冬天休眠，地上部分枯萎，可以露天过冬，如果放在室内，要保持冷温，否则会导致来年生长不良。

松虫草

松虫草（*Scabiosa japonica*）是川续断科蓝盆花属多年生草本，也叫日本蓝盆花，原产于北海道、本州地区，四国、九州也有分布，生长在高山草地上，花朵开放在夏末秋初，正是马蛉欢叫时，因此有了"松虫草"之名，可以用来治疗皮肤病。

松虫草株高约90cm，叶对生，羽毛状裂开，夏天到秋天，高高的花葶上，一个个头状花序开满了透明的浅蓝紫色小花，外圈的花大，向内逐渐变小，随风轻曳，悠悠地充满了诗意，风情独有。只是株型高，适合生产鲜切花，盆栽观赏需要短截花茎，促使低位开花。

松虫草喜阳，耐寒性、耐热性都较强，日常要在向阳、通风处莳养，夏季放在阴凉地方，水分需求量大，稍干叶片就要萎蔫。松虫草喜肥，生长期需要每2周施加1次液体肥料，或者按一定周期施加缓释肥。松虫草一般采取播种繁殖，随采随播；也可分株、扦插繁殖，一般在3月、4月进行。梅雨时期湿度高，松虫草易得灰霉菌；蚜虫高发期易受危害，需要加强防控。

松虫草的花、叶

松虫草

117

球根植物

浦岛草

浦岛草（*Arisaema thunbergii* subsp. *urashima*），天南星科天南星属鞭序南星（*Arisaema thunbergii*）的一个亚种，分布于日本北海道、本州、四国、九州等沿海林地阴湿处，有着许多变种，在栽培过程中又产生了更多的品种，佛焰苞有黑褐色、赤褐色、绿白色等，模样大小也各不相同，是深受欢迎的多年生球根植物，只是全株有毒。

早春，浦岛草从根际发出 1 ～ 2 张叶，刻裂很深的叶片平展在 30 ～ 40cm 的叶柄顶端，整个像一只鸟足，也有点像撑开雨伞的模样。四五月间，叶际开出了花朵，瘦长的佛焰苞苞口微含，深蓝紫色的斑点从上而下漫散开来，稀稀落落地直洒到基部。肉穗花序顶端拉长成细绳状，长达 60cm 左右，高高地垂挂下来，海边的人们看来与民间传说中浦岛太郎手中的钓鱼线差不多，因此就把这种草叫作了"浦岛草"，别名"蛇草"。到了夏季，浦岛草的叶片枯萎，只剩下果实，入秋后深红可爱；冬天，球根休眠。与鞭序南星相比，浦岛草叶片小叶中部无白色中脉，肉穗花序顶端细绳状的附属器下部平滑，没有纵向褶皱。

浦岛草栽培比较容易，只要放在背阴处，保持潮湿，在江南可常温过夏、过冬，如果冬天放在室内，必须要保持低温，否则影响花芽形成。浦岛草的扩繁能力强，芋头般大小的球根在秋天会在周边生出不少小球，在春天发芽前可以分盆栽植，母球一般 5 年左右枯萎。

浦岛草（郑军 摄影）

白马浅葱

　　白马浅葱（*Allium schoenoprasum* var. *orientale*），也叫小白马香葱，是百合科葱属多年生草本植物，日本特有种，原产北海道到本州中部山地，首次发现于白马山山脊，叶片细柔，叶色比葱叶浅，因而得名。

　　白马浅葱花色有紫红和白色两种，在江南，6 ~ 7 月开花，株高 20 ~ 60cm，花序直径 3 ~ 4cm，小花的雄蕊和花瓣的长度几乎相等，这是白马浅葱和马葱的区别所在。

　　玩赏山野草一般栽培白马浅葱中的一个小型种，叫"至佛浅葱"，株型矮小，高度仅有 15cm 左右，花序直径 0.5cm 上下，极淡的粉紫色浅敷在薄透的花冠上，衬着鹅黄的花蕊，清丽雅致。

　　白马浅葱原生于高海拔地区，盆栽观赏，需要阳光充足和凉爽通风的生境，在江南，春、秋、冬都可常温室外管理，放在阳光下，足肥足水。从 6 月下旬进入梅雨季，到 8 月底暑气消退的这段高温期，白马浅葱处于休眠期，需要移至阴凉处，控制水湿，以防腐烂。白马浅葱一般采取分株繁殖，在早春和初秋都可进行。

白马浅葱

白马浅葱

独逸铃兰

独逸铃兰

铃兰的香，甜甜的、醇醇的，一经闻过，便觉难舍，只是全草有毒，特别是花和根毒性更强。山野草中有一种来自德国的铃兰，香味比日本原生的更加馥郁，株型娇小，只在纤手一扎之间。日本对德国的国名汉字写法是"独逸"，因此这种铃兰被称为独逸铃兰（*Convallaria majalis*）。

生长在北温带幽谷地带的这种美丽小花，开放在暖风微醺的 5 月，一串串缀着花边的小铃铛，白得醇厚细腻，一丁点渣滓都没有，随风轻曳，阵阵香飘，高洁而兰馨，自有逸士之趣，被冠以"独逸"，无意中，诗一般的植物更添了一份诗意，那独到的悠幽清丽，越看，心越静。独逸铃兰除了白花原种外，在栽培过程中还培育了花叶、桃红色花两个园艺品种。

独逸铃兰喜欢温凉湿润，通风透气的生境，耐寒畏热。盆栽观赏，宜用酸性腐殖质混合颗粒基质栽培，避免阳光直射。春季，铃兰生长旺盛，需要足水、足肥，特别是花后鳞茎开始形成新芽，更要及时施加肥料。随着温度升高，要遮阴放置，适当控水。入秋，正常养护，直到地上部分枯萎。在江南，可以露天越冬。

独逸铃兰与亚洲原产的铃兰比，除了香味浓外，花更大，花茎也长，和叶片一样高。亚洲原产的铃兰花茎短，隐藏在叶片背面，夏天耐热性也没有独逸铃兰强。

独逸铃兰

姬萱草

姬萱草

　　萱草宜男，植于北堂，以解母亲思儿之忧，"萱堂"就成了母亲的代指。如此佳草，落到生活也是一味佳肴，一些品种的花苞晒干后就是黄花菜，美味滋补，已经在中国种了数千年了。

　　萱草是百合科萱草属宿根草本植物，大都株型高大，叶长花大。在一众的高个子里也有一些小个子，譬如分布于中国东北、俄罗斯、朝鲜和日本一带的姬萱草（*Hemerocallis dumortierii*）就是一个矮型种，在日本，从江户时代就开始栽种观赏了。

　　姬萱草，《中国植物志》里称小萱草，叶长只有 30cm 左右，不到普通萱草高度的一半；花期从 5 月开始，到 6 月结束，花葶顶端着生 2～4 朵花蕾，花蕾上部红褐色，而普通萱草是黄绿色。花朵橙黄色，敞开着大喇叭口，大概是普通萱草花朵大小的 4/5，橙黄色花蕊同样张扬地伸出花外，如同日益升高的气温一样热烈。只是单花期短，虽不像属名 *Hemerocallis* 描述的"一天的美丽"那样仓促，但一般 2～3 天也就凋谢了。

　　姬萱草适应性强，莳养相当容易，只要晒太阳，保持湿润，但不能过于潮湿，尤其夏季休眠后要注意适当控水，否则会引起根状茎和肉质、肥大的纺锤状块根腐烂。姬萱草繁殖一般采取分株法，在初春萌芽前进行。

乙女百合

乙女百合

乙女百合（*Lilium rubellum*）是一种日本特产的小型百合，别名姬早百合，分布在宫城县南部道新潟县、福岛县、山形县县境接壤处的山地。

乙女百合鳞茎卵形，直径 5cm 左右，株高约 20cm，叶片是狭长的披针形，与其他百合比，株型小巧得多。5 ~ 6 月开花，横着的管状花微微昂着头，花径 5cm 略宽，清爽的淡粉色，搭配着带着黄尖的浓桃色花药，素雅而可人，微风掠过，泛起阵阵浓郁的甜香，色、香俱佳的乙女百合总让人爱不释手。

另外有一种也是日本特产的小型百合——笹百合（*Lilium japonicum*），和乙女百合很像，它们的区别在于乙女百合雄蕊尖是黄色的。

乙女百合是高山植物，喜阳光充足、凉爽干燥的环境，耐热性弱。在江南，从初春发芽到开花这段时间，要全光照莳养，保证充足的水分和适量的肥料，盆土表面干燥后立即补水。花后，乙女百合休眠，茎叶枯萎，夏天需要移至无直射光的明亮处，控制水分，保持盆土略干，否则会导致鳞茎腐烂。进入秋天，乙女百合鳞茎进入了分殖生长期，要全光照莳养，适当施肥，水分仍需控制。冬季需要保持冷温，否则影响开花，但盆土不能结冰。

乙女百合繁殖主要是分殖鳞茎，一般在初春进行。

姬舞鹤草

姬舞鹤草（*Maianthemum bifolium*），就是《中国植物志》登记的舞鹤草，百合科舞鹤草属多年生草本，株高在 20cm 以内，产于我国西部、北部寒冷地区，朝鲜、日本、前苏联地区也有分布。日本为了和另一种长在北海道到九州山地带的舞鹤草（*Maianthemum dilatatum*）区别，就把它称为姬舞鹤草。

舞鹤草因叶片的模样和佐胁五郎明房家纹云月舞鹤相似而得名，中国沿用了这一日本名，由于我国仅产姬舞鹤草这一种，就直接称之为舞鹤草了，把舞鹤草则叫作了"北方舞鹤草"。

一般而言舞鹤草较大，植株高 20 ~ 45cm，但在日本，从北往南分布，株型通常由大而小，屋久岛产的则只有约 10cm 高，叶片长度仅在 1cm 左右，变异显著。因此分别姬舞鹤草和舞鹤草不在个头大小，而要从叶片和果梗（花梗）着眼。舞鹤草叶片长宽大致相等，果梗明显短于果实，花梗与花瓣近等长，花序或果序看起来较紧凑；而姬舞鹤草叶长一般是叶宽的 2 倍，果梗则略长于果实，花梗长约花瓣的 2 倍，花序或果序看起来较稀疏。

在江南，早春时分，姬舞鹤草从基部发出了一片片有着长柄的新叶，渐渐地，又抽出了一枝枝草茎，在顶端生成两叶，一上一下，两两互生。到了初夏，满穗的细小星状白花开放在茎尖，这时，基部的叶片也凋萎了。花后结果，成熟后通常是鲜红色，热烈得很；还有一种白果的变种，果实奶白色，别具风情，称为白实姬舞鹤草。

姬舞鹤草生于高山阴坡林下，在江南盆栽需要放在半阴的环境，不干不浇，盆土稍干后补水，盆土过湿会引起地下茎腐烂。春、秋两季要各施一次缓释肥，平时要加强真菌性病害防治，防止黄叶。黄梅季节开始，温度升高，姬舞鹤草进入半休眠状态，秋天又恢复生长，冬天茎叶凋萎，在夏、冬两季更要注意适当控水。姬舞鹤草繁殖一般采取籽播，果实成熟后，随采随播，或者放入冰箱保存，来春播种；也可采取分株扩繁，在初春发芽前，剪取地下茎分栽。

姫舞鶴草

'福包'（薄叶类其他薄叶系）

万年青

　　万年青（*Rohdea japonica*），原产中国南部和日本本州南部，百合科万年青属多年生草本植物，阔叶丛生，冬夏不萎，四季常青，五六月间抽穗开花，入冬则结红色籽，也称"千年蒀"，历来是吉祥之物，以前碰到逢年过节、结婚添丁，放到客堂上、摆在房间里，讨个口彩。在东瀛，除了和中国一样赋予万年青"长寿""高洁""坚韧"的人文意指外，还因着万年青绿叶怀抱着红果的模样，想起了母子相依的情景，就增了一层"母爱"的象征，因此，万年青在日本还被称为"老母草""辛抱草"。

　　日本人视万年青如同兰花一般，十分钟爱，从古至今，培育出了一大批园艺品种，叶形和斑纹异常丰富，同样，也名之为"叶艺"，成为了万年青分类的唯一标准。总的来说，万年青的叶形大致分为宽大的阔叶、狭长的细叶、长而锐尖的剑叶、叶面有细长凸起的龙叶、如同鞠躬身形一样的谢仪叶、叶缘卷曲的波叶、叶尖大幅卷起的狮子叶、叶面褶皱的罗纱叶等形态。叶斑主要有镶边，叶缘覆盖着白、青、黄等条纹；中斑，叶片主脉两侧分布着纵向条纹；虎斑，叶面具有横向的条纹；斑入，叶面具有不同面积的散斑等大类，这些大类下，细微变化丰富，又分出了许多更为复杂的斑纹类型。

在传统园艺植物中，万年青品种大概是最多的，根据日本万年青协会称，登记的品种超过 1000 种，分为大叶、薄叶、罗纱三大类。大叶类，叶片长约 50cm，宽大舒展。薄叶类，叶片中等大小，相对较薄，包括一文字系，叶片平展修长如剑樋；千代田系，狭长的叶面具有凹凸明显的白色短细条纹，这种条纹称为千代田斑；狮子系，平展的叶子叶尖内卷几重，根同样也是卷曲的；缟甲系，叶面具有各种斑纹；此外，还有一批新培育出的薄叶品种，兼具多种特征，称为"其他薄叶系"。罗纱类，株型矮小，叶片厚，表面布有细小皱纹，是万年青中品种最多的一类。

万年青喜温暖、湿润和半阴的环境，喜肥、喜水，不喜阳光直射，过湿、过燥的环境都不利于其良好生长。在江南，春、秋季放在有散射光的明亮处，夏季遮阴，气温在 10℃以下，需要移至温暖的室内莳养。万年青具有发达的肉质根，要用深盆种植，盆的大小以根恰好能松散的放入为好，种植介质宜用粗颗粒的麦饭石、浮石、赤玉土等，底土须占花盆高度的 1/3 左右。土壤的表面可以铺上水苔，防止干燥。盆面不干不浇，根据季节不同，大致的浇水间隔如下，4～6 月和 9～11 月每天 1 次，7～8 月每天 1～2 次，12 月至翌年 3 月休眠期每隔 3～5 日 1 次。施肥不宜过多，肥料过多的话，会导致肉质根受伤而枯萎，4～6 月和 9～10 月每半月施加 1 次稀释的液体肥料就足够了。万年青病虫害不多，一般只需要正常防治食叶性害虫和叶尖焦枯。

'福雀'（薄叶类缟甲系）

万年青籽播繁殖出苗率低，返祖现象普遍，园艺性状会丢失，除了杂交育种，一般不采用。万年青繁殖大都采取分株、割子和芋吹三种方法。

分株法。万年青一般 2 年翻一次盆，翻盆同时可进行分株，用水洗净根部，把侧芽长成的新株连根掰下，重新种植，一般在 3 ～ 4 月或 9 ～ 10 月进行。

割子法。在 3 ～ 4 月或 9 ～ 10 月时，用消过毒的刀把至少带有三条根的刚萌发的侧芽挖下种植，母株和挖下的侧芽伤口都要涂抹愈合剂，以防腐烂。割子法是侧芽萌发强的大叶类、薄叶类繁殖常用的方法。

芋吹法。万年青的叶子一般长两年，到了第三年就会枯落，叶片枯落后的部位叫"芋"。芋两侧具有芽点，但罗纱类等一些发芽率低的万年青一般不会发芽，需要把

'瑞泉'（罗纱类）

带有芽点的芋和根一起切割后进行逼芽，养成一棵新的万年青，这种方法就叫"芋吹法"。芋吹法一般采取砂砾培育、裹苔培育和铺苔培育三种具体的措施，都要在室内暗处操作，新芽长至2cm以上时进行移栽，放在背阴处莳养。砂砾培育是把剪下的芋种在砂砾中，一周一次补水，直到发芽。裹苔培育是把剪下的芋用潮湿的水苔包裹，放入栽培容器，直到发芽，不再补水。铺苔培育针对不带根的芋和枯萎母株上剪下的芋采取的一种急救方法，把这些芋埋在铺满湿润水苔的容器里进行培育。芋吹法在春天进行，是万年青繁殖中难度要求最高、繁殖效果最佳的方法，成功的关键在于消毒和湿度控制。

'雪雷'（薄叶类缟甲系）

笛吹水仙

笛吹水仙（*Cyrtanthus mackenii*），石蒜科垂筒花属多年生球根植物，名字得自它的花、叶形态。笛吹水仙株形纤秀，开花时仅高 30cm 左右，叶片细长，有点水仙的模样。冬季开花，持续不断，一直到初春。组成伞形花序的七八朵小花，细长的花管口缀着一圈花边，犹如一个口笛，有红色、黄色、浅桃色、奶油色等不同花色，芳香盈盈，缤纷多彩。

笛吹水仙是日本盆栽最普遍的垂筒花属植物，因此，日本也把笛吹水仙用来总称了这类植物。垂筒花属植物原产南非东部，有 50 个不到的野生种，四季常绿，形态和习性各不相同，富于变化，大致可分为冬季开花和夏季开花两类，花型有细筒状、壶型、酒杯状等，或下垂，或上仰，多种多样。这类植物在被野火烧过的土地上开花尤为茂盛，因此，当地人叫它们"Fire Lily"——火百合。在日本，垂筒花属植物在昭和初期就传到了日本。近年来，在我国台湾、华南、华东地方也有栽培。

笛吹水仙生性强健，极易栽培，原种是湿地植物，喜温暖湿润、阳光充足的环境。在江南莳养，除冬季稍干燥外，其余季节都要保持土壤湿润，不可缺水。笛吹水仙虽喜湿，但不可积水，要用疏松的介质栽培。除夏季放在半阴的地方外，其余时间都要全光照管理，如果光照不足，叶片徒长，影响开花。笛吹水仙比同属其他种类更耐寒，在 -2 ~ -3℃左右不会受冻害，但为了保持观赏效果，一般在最低温度低于 10℃时就要移至室内温暖处养护了。笛吹水仙耐瘠薄，不施肥也能健康生长，在生长期中，每月施加一次肥料即可。

盆栽笛吹水仙要浅种，顶部稍稍露出土面，否则鳞茎容易腐烂。不可勤翻盆，以促进根系良好发育，这是养好笛吹水仙的一个关键点。笛吹水仙仔球形成极快，鳞茎一般可长 5 年，待植株开花数量和品质出现下降现象时，就要翻盆更新，同时分植鳞茎，养成新株。繁殖笛吹水仙也可籽播，籽播鳞茎须经 4 ~ 6 年才能开花。

笛吹水仙

'红玉'　　　　　　　　　　　'绞绞红'

樱　茅

　　樱茅，包括仙茅科小金梅草属（*Hypoxis*）、红金梅草属（*Rhodohypoxis*）及它们的属间杂交种植物，产于非洲南部地区，原生境海拔 1000 ~ 3000m。樱茅叶狭长，被茸毛，如茅草状丛生，有小型卵圆形鳞茎，属于球根花卉。

　　红金梅草栽培品种众多，都来自于红金梅草（*Rhodohypoxis baurii*）及其变种 *Rhodohypoxis baurii* var. *baurii*（原变种，高 5 ~ 10cm）、*Rhodohypoxis baurii* var. *confecta*（高仅 3 ~ 5cm，具有粉色、红色、白色等丰富的花色）、*Rhodohypoxis baurii* var. *platypetala*（花色多为白色）。株型低矮，花茎高于叶片，开花时高度仅 2 ~ 15cm。花期 4 ~ 6 月，花量大，花色丰富。花被两轮，每轮 3 片，顶上一轮花瓣内折，使雌蕊与雄蕊不外露，精致、活泼，是春末夏初的盆栽佳品。单瓣品种有'白鸟''鹤舞''红宝石''红玉''绞绞红'等，重瓣品种有'桃八重'等；花叶品种则有'六条锦'等。

　　小金梅草（*Hypoxis parvula*），花色明黄，又名黄花樱茅。株型较红金梅草高，叶片高 16 ~ 20cm，花茎低于叶片。花期 4 ~ 6 月，花单生或排成总状花序；花被轮状平展，6 裂，黄色雄蕊外露，细致、文雅。

　　杂交红金梅草类是红金梅草与小金梅草的杂交种，花色多为粉色或白色，叶丛短，花量大，与红金梅草极相似，外露的黄色雄蕊又保留了小金梅草的特征，花色层次更加丰富，'桃花姬'就是一个美丽雅致的品种。

136

'红宝石'

樱茅生性粗放，养护管理相对方便容易。在江南，每当 3 月中旬樱茅冒出嫩叶时，就要全光照养护，而且不能脱水，开花期更需要水分充足。6 月下旬至 8 月上旬，天气溽热，要放在阴凉通风处。8 月中下旬高温过后，立即要让樱茅晒太阳。冬季在0℃以下时，需移至室内，以免种球受冻，但要保证经历 40 ~ 50 天 5℃以下的低温环境，以促进花芽分化。樱茅日常养护中，还需注意肥、药两项事宜，每 1 个月左右，浇灌一次杀菌剂，夏天需适当增加次数，以防种球腐烂；春秋两季，适当施肥，最好用球根花卉的专用肥，促进球根繁殖和生长。每年 3 月上旬可结合翻盆，把过密的球根进行分殖。

'桃花姬'

'鹤舞'

'桃八重'

138

'白鸟'

白鹭草

　　"毛衣新成雪不敌，众禽喧呼独凝寂"，白鹭鸟在人们眼里历来是高洁的代表。赞赏之余，文人未免物我相吊，喟叹起"秋水寒白毛，夕阳吊孤影"高处不胜寒的寂落。造物微妙，恰有一种植物亭亭孤立，花开如鹭，一样的高洁孤冷，隐隐地透出一缕忧凉，这就是以鸟为名，与鸟通神的白鹭草。

　　白鹭草（*Pecteilis radiata*）是兰科白蝶兰属球根草本植物，植株高18～35cm，小型块茎椭圆形，茎细长，直立，基部具3～5枚叶，叶片线形，花期5、6月，花开如展翅的白鹭，十分迷人。

　　这位兰科的"冷美人"倒确与一位美人有些瓜葛，传说日本战国时代有一位常盘姬，因宠受诬，就以死明志，并托白鹭传书，白鹭恰被出猎的丈夫射下，得遗书，悔莫及。来年，在射落白鹭的地方，长出了从未见过的奇特小白花，人们就称之为"白鹭草"。

　　白鹭草除了常见的"青叶"外，还有花变异不具"鹭形"的'飞翔''朦胧月'，花成羽丝状的'白丝'，花略施浅绿的'绿鹭'，花具淡淡芳香的'香贵'，花色为粉红的'歧'和黄花的'黄鹭'；叶片洒满白色线状晕斑如闪烁天河的'天川'，叶片边缘镶有银边的'银河'及镶有黄边的'辉'等品种。

　　莳养白鹭草最关键是种植盆土要既保水又透水，一般采用粗颗粒土垫底，上覆中粒的，再铺一层水苔，把白鹭草的种球种在水苔里，再覆盖中粒的颗粒土，春天要待表土稍白时再浇水，夏天高温更要注意适当控水，并加强日常杀菌防治，否则种球易腐烂。白鹭草也喜光，春秋季都要放在早晨有直射光的地方，确保光照充足，在江南可露天过冬。

白鷺草

黑发兰

　　原产于日本关东以西、四国、九州及朝鲜半岛南部山区的羽蝶兰（*Ponerorchis graminifolia*），娇小玲珑，隽美娟秀，花斑、花型、花色能随不同生境而产生极大变异，在日本深受欢迎。20 世纪 50 年代中后期，随着山采野生种盆栽技术的成熟，大量羽蝶兰野生亚种和变异个体被爱好者收集，随后，一股羽蝶兰热喷薄而起，市场价格居高不下，过度的采挖导致羽蝶兰野生种濒临灭绝。直到 20 世纪 80 年代，羽蝶兰无菌播种成功后，这些野生原种被大量繁殖，并且产生了许多杂交园艺种，由于园艺种花色、花量等方面都优于原生种，逐渐占据了花卉流通市场，也有效地遏制了野采，至此，几致疯魔的羽蝶兰热也就烟消云散了，如今早已成了一种普通的花卉。

　　与观赏花卉栽培热衷于花色艳丽、花朵繁密的羽蝶兰园艺种不同，山野草栽培更青睐于那些清新淡雅、飘逸灵动的原生种，譬如黑发兰（*Ponerorchis graminifolia* var. *kurokamiana*）就是栽培普遍的一个羽蝶兰的变种。

　　黑发兰，因分布于日本佐贺县的黑发山而得名，生长于低海拔山地潮湿的岩壁上，花茎纤细斜上，两三张狭长的叶子悠悠轻垂，背面紫色纵脉清晰可见。5 ~ 6 月，四五朵小花开放在花茎顶端，宽阔的舌瓣上点缀着低调而华丽的紫斑，盈盈一乍，随风摆动，越发清秀而妩媚，人们爱称为"摇曳的紫罗兰"，与羽蝶兰相比，更为小巧，花期也早，是山野草中的佳品。

　　黑发兰块茎长卵形，约 2cm 长，每年夏季，肉质根会膨大形成新的块茎，种植时需要将块茎浅埋于土下，过深会导致腐烂。黑发兰喜凉爽、潮湿、半阴环境，耐寒耐热，莳养容易。在江南盆栽，春、秋两季都需放在阳光充足的地方，待盆土略干就要浇水。6 ~ 8 月，则需移至阴凉处，并且要适当控水，避免块茎腐烂。冬季休眠后，要放在常温的室内，既要避免盆土结冰，又要保持低温，盆土仅保持湿润即可，如果温度高、水分多，块茎易腐烂。家庭栽培，黑发兰繁殖以分植块茎为主。籽播需要无菌操作，在普通环境下，籽播出苗率低。

黑发兰

碇 草

　　碇草（*Epimedium grandiflorum var. thunbergianum*），小檗科淫羊藿属多年生草本植物，花期 4～5 月。组成圆锥花序的小花很特别，有两层萼片，外萼片三角形，内萼片披针形，内萼片比外萼片长得多，四瓣翼垂如同船锚。船锚在日本称为"碇"，因此日本就把淫羊藿称为"碇草""锚草"。碇草还叫"三枝九叶草"，因为它的叶子是二回三出复叶，具 9 枚小叶，叶柄很长，小叶基部歪斜，叶缘有细密刺齿，网脉显著，背面苍白色。

　　碇草是日本特产植物，分布于本州中部地区南太平洋一侧，从平地到亚高山带的落叶阔叶树的森林中都能见到它，有些种类生长在草原和石壁上。有不少观赏价值高的种类，有的是野生的，有的是杂交园艺种，株高 10～50cm 都有，花朵大，花色有淡红色、白色、紫色、淡黄色，叶态有卵形、披针形、锐锥形，譬如'杨贵妃''多摩之源平''夕映''金竹'等等，丰富多彩。

碇草（'杨贵妃'）　　　　　　　　　　　　　碇草（'夕映'）

碇草（'杨贵妃'）

　　碇草喜光喜湿，耐热、耐寒性都强，需要放在下午半日阴或者全天明亮的背阴处，6～9月上旬需要中度遮光，避免晒伤。碇草冬季能在雪下越冬，但盆栽要避风放置，因为碇草忌干燥，以免湿度过低，引起植物受伤。碇草虽然忌干燥，但盆土也不能过湿，否则会导致块茎腐烂。碇草喜肥，种植时需加基肥，3～9月，每月都要施加2～3次液肥，或按期放置缓释肥，盛夏时要适当降低液肥浓度。碇草几乎没有病虫害危害，只是在春天发芽时可能发生蚜虫虫害。碇草具有块茎，繁殖可分株也可籽播，分株在春季发芽前或花后的5月下旬到6月初，最好从块茎自然分开的地方入手，如果芽点多的话，切分块茎也可。种子播种应在5月采种，随采随播。但如果种植多种碇草，花期如不采取隔离措施，不宜采取播种繁殖，因为碇草种间杂交容易，易发生变异。

白雪芥子

　　白雪芥子（*Eomecon chionantha*）是罂粟科血水草属多年生草本，这个属只有一种植物。白雪芥子原产中国长江以南的大部分地区，生长在山地潮湿的林缘，折断它的叶和根茎，有橙红色汁液流出，因此，中国直接称呼为"血水草"，入药能消炎，解毒。日本把血水草叫作白雪芥子是因着它的花，雪白的四片花瓣包含着一簇黄蕊，有如须弥纳于白芥之中。

　　白雪芥子叶为心形，尖尖的，叶缘波浪状，叶柄长达 20cm 左右，灰绿色，从根际直接长出。每年 4 ～ 5 月，叶丛中伸出了高高的红色花茎，茎顶枝枝丫丫地开出了一朵朵白花。花后结果，果子是椭圆形的蒴果，成熟后会自动爆裂弹出种子。白雪芥子具根茎，横向生长，繁殖既可播种，也可分株。

　　白雪芥子喜湿，日常莳养需要保持潮湿；喜光，但忌阳光直射，只需放在半阴的地方。在江南，白雪芥子花后，随着气温升高，逐渐进入休眠期，叶片消退，到了 8 月下旬，恢复生长，冬天再次休眠，休眠期适当控水。

白雪芥子

白雪芥子

苎　环

毛茛科耧斗菜属植物的花瓣基部向后延伸凸起，形成细管，这在植物学上叫"距"。距里充满了花蜜，花朵借以吸引昆虫爬入采蜜而完成授粉，生衍不息。

对这别致的花朵，在不同的地区，有着各自独特的欣赏和理解。农业技术先进的古中国，觉得它像播种机耧车上的斗，叶片又能当野菜，就把它叫作了"耧斗菜"。在日本，把它看成绕丝麻的缫车纺轮，因此名字也成了"苎环"和"缫丝草"。欧美人眼里，这朵小花则是展翅的"飞鸟"，只不过在欧洲是"秃鹫花"，在北美是"鸽子花"。

耧斗菜属植物广泛分布在北半球温带地区，生长在高海拔地带，经过近两百年的人工选育，形成了众多的园艺品种，花色丰富、花形各异，在庭院布置中广泛应用。与花园里争奇斗艳的园艺品种不同，一些原生的耧斗菜却是怡情的"案侣"，譬如深山苎环和二色风铃苎环，株形娇小飘逸，花色清新淡雅，野趣盈盈，纳于盆缶，自有一份静逸。

深山苎环是白山耧斗菜（*Aquilegia japonica*）的变种，分布在北海道中部以北、南千岛群岛、朝鲜北部以及桦太岛等地区，高度仅有 15 ~ 20cm。在江南，深山苎环开放在暮春时节，如小茶盅般大的花朵，微微昂起，蓝紫色的萼片围着蓝白双色的花瓣，里外两圈，整整齐齐。深山苎环除了蓝色花外，还有一个白色的品种，花朵晶莹剔透，只有存着花蜜的距的末端一点鹅黄，却也是透明的。

二色风铃苎环是无距耧斗菜（*Aquilegia ecalcarata*）的一个变种。耧斗菜的花距，或直或弯，有短有长，最短的只有一点微凸，很不起眼，这种耧斗菜叫无距耧斗菜，日本称为"风铃苎环"。二色风铃苎环与素净的深山苎环同期开放，花萼的堇色逐步过渡到花冠的白色，两种颜色揉在一起，色艳而娇小，更是雅致、俏丽。

苎环喜欢凉爽、湿润、半阴的环境，耐寒忌热。在江南，春季是它们的主要生长期，需要足水、足肥、足光。花果期后，随着气温升高，深山苎环和风铃苎环逐渐进入半休眠状态，要遮阴放置，适当控制浇水。8 ~ 9 月，它们恢复生长，是换盆、分株的最佳时期，可露天越冬。播种一般是随采随播，出苗率很高。

二色风铃苦环

八重金凤花

　　毛茛科毛茛属有一种多年生的匍枝毛茛（*Ranunculus repens*），原产于中国黄河以北、朝鲜、日本和俄罗斯，生于水边或湿地，长出的匍匐枝节节生根，节节分枝，枝枝开花，花开时节，满地金黄，作为绿化的地被植物十分合适。

　　明黄色的毛茛花在日本被称为"金凤花"，八重金凤花（*Ranunculus repens* 'Gold Coin'）是匍枝毛茛的一个园艺品种，株型矮小，花重瓣而略小，花茎高1～2cm，每年4～6月开放，亮亮的明黄色摇曳在枝头，从远处看，正是一枚枚"Gold Coin"，很是引人注目。走近细瞧，一朵朵小花，花瓣紧紧地重叠着，镶嵌着绿色的花心，更是美得精致。

　　八重金凤花的叶片与匍枝毛茛一样，也是三出复叶，小叶三裂，叶缘有锯齿，只是小得多。每到江南溽热的夏天，它的叶片就消退了，进入休眠，到了8月下旬恢复生长，再次迎来一个旺盛的生长季，直到冬季归于侘寂。

　　八重金凤花喜阳又耐阴，耐寒喜湿，管理粗放，莳养简单，只是在休眠期需要适当控水，江南遮阴度夏。八重金凤花有根状茎和匍匐茎，一般通过分株和压条进行繁殖，分株在春、秋两季萌芽前，匍匐茎压条生长季都可操作。

八重金凤花

筑紫唐松草

筑紫唐松草

筑紫唐松草（*Thalictrum kiusianum*）产于日本九州岛，是由分布在对马列岛和济州岛的紫唐松草（*Thalictrum uchiyamae*）和屋久岛野生的屋久岛唐松草（*Thalictrum tuberiferum* var. *yakusimense*）杂交而成的多年生草本植物。"Kiusianum"是九州的意思，筑紫是九州岛的古称。

筑紫唐松草有细细的匍匐茎，高仅5cm左右，小小的椭圆形叶片爬在盆面上，在一众唐松草中别具韵致。筑紫唐松草的叶子是二回三出复叶，小叶一前一后交错着生，那看似分开的3张叶片，实际只是一片小叶。

在江南，五六月间，筑紫唐松草在一丛绿叶中伸出了短短的花梗，缀满了淡淡的桃紫色小花，组成一个圆锥花序，娇俏得很，真是人见人爱，是日本盆栽和花园地被常用的一种花草。筑紫唐松草的花由瓣化的花萼和雄蕊组成，花冠已经退化，不易结实。花朵开放时，花萼随之脱落，只留下放射状的雄蕊展露着美丽。

筑紫唐松草盆栽宜用颗粒土，在江南，春、秋两季是生长期，盛夏和冬天休眠，生长期要确保足肥、足水，并定期防治病虫害，尤其要注意用杀菌药浇灌，以防块根腐烂。筑紫唐松草忌高温多湿，进入梅雨季，就要放到凉爽的背阴处，并适当控水。筑紫唐松草一般采取分株繁殖，在早春还没冒芽和秋天叶片发黄时操作。

筑紫唐松草

梅花唐松草

梅花唐松草（*Thalictrum thalictroides*），毛茛科唐松草属多年生草本植物，地下具块根，原产于北美洲东部，生境多为干燥的落叶林、林木繁茂的斜坡、草木稀疏的峭壁等处。

梅花唐松草花似银莲花而娇小，因此又称小银莲花。又因梅花唐松草的英文名是Rue Anemone，就也把它唤作"芸香银莲花"或"芸香唐松草"，其实，这里的 Rue 指的是 Meadow-rue，就是唐松草，Rue Anemone 应该是唐松草叶银莲花。

明明是唐松草的梅花唐松草，拉丁名却是 Thalictroides（与唐松草相似），英文名又称为 Anemone（银莲花），这是怎么一回事呢？原来是因为梅花唐松草最初被归入银莲花属，因叶片与唐松草差不多，就定名为 *Anemone thalictroides*，直到 1957 年才被转移到了唐松草属名下，之后，以分子生物学数据为主要依据的 APG 分类法对此予以了确认。

在江南，梅花唐松草 3 月底开始开花，一直延续到 6 月初。开花时，3～6 朵小花簇生于总叶柄顶端，聚集成伞形花序，花色有白、浅粉、粉紫、绿四种，花型有单瓣、半重瓣、重瓣三类。实际上，这些色彩缤纷的"花瓣"是萼片，其花冠已经退化。

梅花唐松草株高 10～20cm，枝纤叶秀，花小色素，微风中轻轻摇曳，真是品不尽的隽永。绿色重瓣的品种 'Betty Blake'，日本名叫八重绿花，花朵直径不到1cm，由内向外，绿色渐淡，花满枝头之时，雅到了极致，怎么看也看不厌。日本称作八重梅的 Shoaf's Double Pink，花朵粉紫色，比八重绿花略大，同样精致美丽。

梅花唐松草性喜凉爽、干燥、半阴的环境，栽培介质宜用赤玉土等酸性颗粒土。栽种时生长点需稍稍露出土层，深埋或致腐烂。春季是梅花唐松草的主要生长期，需要足水、足肥、足光，宜放在东向明亮处。5 月底 6 月初开花过后，梅花唐松草叶片和块根快速生长，确保足水、足肥的同时，要遮阴放置，否则，会导致叶片萎蔫、焦枯。黄梅季节一过，随着温度升高，梅花唐松草逐渐进入休眠期，需适当控制浇水。9月底，梅花唐松草恢复生长，是换盆、分株的最佳时期。进入冬季，梅花唐松草地上部分枯萎，盆土只需保持湿润，江南可露天越冬。

梅花唐松草

丹顶草

丹顶草（*Mukdenia rossii*）分布在中国东北部、朝鲜半岛和日本北部的低山山地，生长在近水边的岩石上，就是虎耳草科的槭叶草，嫩芽红色，叶片 5～7 裂，犹如鹤爪，又像鸡爪槭的叶片，故而得名。

春天，丹顶草爬在盆面上粗壮的地下茎上发出了新叶，同时，花茎也冒出了头，随着新叶的展开，笔直的花茎也枝枝丫丫地开出了满穗的小白花，缀着紫红色的花蕊，自有一份美丽。在江南，丹顶草花后随着气温的升高，进入了半休眠状态，到了 8 月初恢复生长，深秋叶子枯萎，休眠过冬。

在长期栽培过程中，丹顶草产生了许多品种，常见的有：小叶丹顶草，叶子只有原种的一半大小；石化丹顶草，叶片厚实皱缩，发叶较晚，花茎也短；红叶丹顶草，叶片顶端 1/3 左右是红色的；花叶丹顶草，叶片布有黄色、白色斑纹，生长势相对较弱；红花丹顶草，花蕾红色，开放后花色就变浅了。

丹顶草喜光、喜水，江南地方栽培，除了新芽萌发时、6 月下旬至 9 月上旬放在明亮的背阴处外，其余时间都可半阴条件管理。日常需要保持盆土潮湿，夏、冬休眠期适当控水，待盆土略干后浇灌。丹顶草耐瘠薄，只是在春天发芽和秋天恢复生长时需施加肥料。丹顶草生性健壮，病虫害较少，日常只要按时做好相应防控即可。

丹顶草扩繁主要采用分株法，初春萌芽前，分割地下茎栽培，一般种植 3 年就需要翻盆一次。也可播种繁育，但在江南常温条件下，丹顶草花后即进入夏季休眠，无法采种，因此要及时剪除花茎。

丹顶草

梅钵草

梅钵纹，日本利家的家纹，依据梅花画成。所谓家纹，就是一个家族的标志。虎耳草科梅花草的花朵 5 个花瓣覆瓦状排列，以白色居多，刹一见，就能让人想起梅花，日本常把家纹用来标记植物，因此，就把它叫作梅钵草（*Parnassia palustris*）。梅花草有 10 枚雄蕊，其中 5 枚退化，多分枝，形状多变，因此，梅钵纹依据梅花草退化雄蕊的变化，也产生了多种变体，分别代表不同的家族分支。

梅钵草，叶片心形，到了 8 月，高高的花茎从根际发出，茎上抱着一张叶，顶端开出一朵花，花期到 10 月结束，广泛分布于北温带，中国、日本都有许多种，生于潮湿的山坡草地中、沟边或河谷地等处，我国山野草栽培较多的有白髭梅钵草、屋久岛梅钵草和神津岛梅钵草 3 种。

白髭梅钵草（*Parnassia crassifolia*），原产于中国，分布在四川省和云南省，生长在海拔 2500 ~ 3300m 的潮湿山谷中，中国名是鸡心梅花草。白髭梅钵草高10 ~ 30cm，长长的叶柄上着生的心形叶粗大厚实，略有弯曲。8 ~ 10月，略带黄绿色的白花一朵接一朵地开放，花瓣偏圆，边缘挂满了白色的"胡须"，铺满洒落的笑容。

屋久岛梅钵草（*Parnassia palustris* var. *yakusimensis*）是日本屋久岛特有的一个梅钵草微型变种，花有纯白色和桃红色两种，生长在高山潮湿的草地，株高只有3 ~ 5cm，叶片小而薄，花期也是 8 ~ 10 月，花直径约 1cm，花瓣较长、略尖，有明显的绿脉，莳养难度比其他梅钵草高。

神津岛梅钵草（*Parnassia palustris* var. *izuinsularis*），原产于伊豆七岛中神津岛天上山等地的一个梅钵草小型种，株高 10 ~ 15cm，叶子比屋久岛梅钵草略大而厚，花纯白色，直径也在 1cm 左右，花瓣略圆，绿脉不明显。

梅钵草原生在高山湿处，在江南盆栽莳养，4 ~ 9 月放在明亮的背阴处，其余时候向阳培育，水和空气湿度要求相对较高，春秋两季要每天浇水，并确保空气湿度，在干燥季节要加强施叶面喷水，但不能积水，积水会导致梅钵草根茎腐烂。梅钵草耐寒畏热，夏天进入半休眠或休眠期，冬天落叶，都需要适当控水。梅钵草对肥料要求不高，4 ~ 9 月之间施加 2 次缓释肥即可。梅钵草抗病力强，几乎没有病虫害。

梅钵草有粗壮的根状茎，一般每 2 年就要分一次盆，在 3 ～ 4 月发芽前进行。也可采用播种繁殖，秋季花后随采随播，或者把成熟果实摘下，放冰箱存放到翌年 2 ～ 3 月下播。

神津岛梅钵草

白毦梅钵草

159

地中海仙客来

地中海仙客来（*Cyclamen neapolitanum*），报春花科仙客来属多年生草本，原产于法国南部到西土耳其的地中海沿岸和岛屿，北欧和美国北部也有分布，生长在林地、灌丛及岩石地，是栽种最普遍的仙客来品种之一，仅次于市场销售最多的仙客来（*Cyclamen persicum*）大花园艺种。属名 *Cyclamen* 是圆的意思，因为该属植物具有圆形的块茎，中文"仙客来"则是巧妙的音译。

地中海仙客来块茎圆平，从顶端和两侧生根，随着年龄的增长而变大，通常会超过 25cm。夏末到秋天，地中海仙客来先花后叶，叶和花从块茎的顶部中心长出，叶柄和花茎先向外，再向上，形成了一个明显的"肘"，这些都是地中海仙客来区别于同属其他种的主要特征。其他仙客来的块茎不会长大，一般从底部发根，叶柄和花茎也不弯曲。

地中海仙客来有许多品种，株型有大有小，叶子形状在长心形到箭状心形之间变化，通常每边有 2 ~ 3 个角的缺裂，很像常春藤的幼叶，因此地中海仙客来也叫常春藤叶仙客来（*Cyclamen hederifolium*）。叶色从绿色到银灰色，各不相同，最常见的是绿叶上镶嵌着松树形或戟形的银灰色斑块。花有 5 个花瓣，粉红色、紫色或白色，花冠基部的"V"形花窦上布满了紫红斑点，花窦附近的花瓣边缘向外弯曲，这个特征也是大部分其他仙客来所没有的。

地中海仙客来喜欢凉爽、半阴、湿润的环境，耐寒畏热，在江南，夏天休眠，块茎不退化，也不易腐烂，能够长年栽培。地中海仙客来栽种时需要浅种，块茎只需 1/3 入土，深埋会导致腐烂，冬季需全光照，春、秋季遮阴 50% ~ 60%，夏季放至阴凉处，遮阴不到位会导致叶片萎蔫、焦枯，植株不生长。地中海仙客来耐旱，生长期盆面表土干燥后才能浇水，晚春、初夏叶片出现枯黄后要减少浇水量，休眠期水分控制在块茎不干瘪即可，冬季也要偏干，潮湿会引发病害，造成块茎腐烂。小花仙客来忌重肥，只需在冬季施加 1 次缓释肥，肥料过多会造成根部腐烂。

地中海仙客来

九盖草

　　玄参科的腹水草因能治腹水而得名，圆形的茎，高高直立，4 ~ 6 张叶片一轮一轮地着生其上，共九层，因此日本形象地叫它九盖草和九阶草，有一种出在日本本州滋贺县、新潟县一带山地、高原的矮生种，作为观赏山野草，常有栽培。

　　这种九盖草（*Veronicastrum japonicum* var. *humile*）株高只有四五十厘米，不到原种高度的一半，叶片短而狭尖，淡绿色，叶缘密布锯齿。在江南，花期是 6 月、8 月和 9 月，茎尖端长出穗状的总状花序，密密麻麻缀满了粉紫色小花，花蕊比花冠长，一丝丝地伸在外面，整个花序犹如一个瓶刷。单花期短，一般四五天就凋谢了。九盖草冬天休眠，茎叶枯萎。

　　九盖草株型颀秀，花色雅致，静静地在那里立着，很讨人喜欢，无论盆栽还是用作鲜切花都适合。九盖草在野外生长于向阳的草地和林缘，喜光、耐寒、忌涝，盆栽需要全日照莳养，浇水见干见湿，盆面表土略干就要及时补水，在春、秋两季各施一次缓释肥补充养分。九盖草有发达的根茎，可用分株法繁殖，但一般还是通过籽播繁殖。

九盖草

矮性桔梗

桔梗（*Platycodon grandiflorus*），一茎直上，故而得名，秸为禾稿，梗有直义。野生的桔梗是山草，我国从南至北广泛分布，古人说在沮泽的下湿之地一棵都找不到，而在山地上，可以满满地采装一车。桔梗的根是一味止咳解毒的良药，在古代，人们一直把它当仙药，说是能消蛊，《搜神记》里专门记载了一个用桔梗治好中蛊人的事例。朝鲜人仿照日本的牛蒡咸菜，用桔梗根腌制咸菜，传到东北后，称为"狗宝咸菜"，大名鼎鼎。

每年五六月间，桔梗那笔直的茎干顶上冒出了花苞，犹如一个打好的包袱，又像一顶和尚戴的僧帽，别致得让人频频驻足。随着颜色由绿转蓝，那个打好的包袱就慢慢地打开来了，露出鹅蕊一点，静静的艳丽更是美得让人心旌招摇。

矮性桔梗是野生桔梗的缩小版，15cm 左右的株高，具体而微，开花时，一茎翠叶衬托着硕大的紫色花朵，美丽而高傲地绽放在暮春，一朵接着一朵开到盛夏；到了深秋，就悄悄地归于了枯寂；翌年春 3 月，顺着渐浓的春意，沉睡了一冬的矮性桔梗又冒出了新芽，新一轮生命之旅重又开启。

矮性桔梗是一种容易栽培的山野草，有着肥厚的肉质根。耐寒、喜阳，除了盛夏，春、秋两季都不能放在背阴处；到了冬季，最好移入室内，盆土结冰后可能会把肉质根冻伤。矮性桔梗喜水忌涝，宜用疏松透水的介质栽培。春季发芽时，新根也旺盛生长，不能缺水，要保持湿润；枝叶长成，须待盆土表面干燥后再浇水；夏季高温时，要适当控水，平时还要注意杀菌，以防腐烂，尤其在江南的黄梅天。

要让矮性桔梗长得壮，花开得多而大，那么施肥不能省，在春、秋季要足肥，最好用球根花卉专用肥，促使肉质根生长。第一轮花后，如果及时修剪枯花，就可以在秋季享受第二轮美丽。矮性桔梗一般采用插枝和播种繁殖，都在 8 月进行。

矮性桔梗

木本植物

姬柑子

日本在圣诞节和过新年时，要用一些结红果子的山野草作装饰，喜庆吉祥，姬柑子（*Gaultheria procumbens*）就是其中之一。因为株形匍匐矮小，红果硕大繁密，姬柑子常被用来缘饰于里白、羽衣甘蓝、三色堇等植物的盆口，垂挂下来，红艳夺目，十分惹人喜爱。

姬柑子原产于北美洲东北部，杜鹃花科白珠树属常绿灌木，株高仅有 10cm 左右，枝叶繁茂，铺地而生，因此也叫平铺白珠树。6 ~ 7 月，白色吊钟形状的花朵绽放，玲珑可爱。到了深秋，红果累累，一直持续到来年的春天，冬天寂寞的庭院如果有了姬柑子，顿时少了份冷清，多了份热闹。

姬柑子虽然矮小，但果子的直径达 1.5cm，尖端 5 裂，相比之下，显得很大，红彤彤、亮锃锃的，也很美，故而又被唤作大实白珠树。姬柑子的果实不仅美丽，而且香甜，可以食用。树叶和树枝也可制作上好的花草茶，只是味道有点涩。树叶发酵超过 3 天，能产生大量的精油，名为"冬绿油"，香而辛辣，可用于糖果及口香糖调味，还可入药治疗肌肉疼痛。

姬柑子四季常绿，阴生，十分耐寒，深秋染霜，叶色转红。虽然姬柑子耐寒性强，但为了保持果子观赏效果，冬天还是要把盆栽的姬柑子移至 0℃以上的环境，避免果实冻坏。姬柑子具有地下茎，伸直蔓延，繁殖一般采取分株法，结合春季移栽翻盆时进行。姬柑子喜水，盆面干燥后要及时浇水，尤其夏天，更不能脱水，否则会造成植株枯萎。姬柑子喜肥，初春萌发新枝时和秋季果子结成后，都要及时施加肥料，一般 7 ~ 10 天浇一次液肥，也可施缓释肥。

姫柑子（郑军 摄影）

岩南天

岩南天（*Leucothoe keiskei*），杜鹃花科木藜芦属矮小灌木，是日本的特有种，分布在本州的关东南部、中部地区。

岩南天生长在几乎没有直射光和空气湿度高的岩壁上，枝条有节奏地节节斜折拖延，长长地从岩石上垂下来，叶子狭长锐尖，革质光亮，叶缘密布细小锯齿，微微拱起，深秋经霜，叶色红紫，在日本，觉得它与南天竹差不多，因此就给了个"岩南天"的名字，别名"磐山茶"。

在江南，每到六七月间，一串串纯白色花朵如铃铛般悬挂在岩南天垂下的枝头，像极了放大的铃兰花，和其他木藜芦属植物的花朵都不一样，故而种名就用了"keiskei"，意思是有着铃兰花的木藜芦。岩南天是木藜芦属中最小的一员，但它的花确是相对最大的，花开时节，短而紧凑的枝条上密缀着大朵大朵的白花，美丽而壮观。

岩南天喜阴湿凉爽的环境，树枝低垂，宜用高盆种植，栽以硬质的鹿沼土、日光砂、桐生砂等的混合介质，盆面最好覆盖水苔，确保排水通畅和较高的湿度。在江南莳养，宜放在没有强风吹到的背阴潮湿处，这样，岩南天叶片翠绿鲜亮。岩南天不耐高温，夏天管理非常关键，必须放在阴凉处，并确保水分。春天和秋天，需要给岩南天施加缓释肥，或者每月施浇 2～3 次液肥。在高温高湿的环境下，岩南天叶面易起病斑，日常需要做好定期的病虫害防治。岩南天结果枝会枯萎，因此花后要及时修剪，促进新枝萌发。

岩南天

薮柑子

　　薮柑子（*Ardisia japonica*），就是草丛中长着一堆红果子的意思，在中国叫紫金牛，这个名字多喜气！晚秋初冬结成的果子，挂到过年，仍是鲜亮红火，真是喜上加喜！紫金牛是紫金牛科紫金牛属灌木，矮小秀美，青葱郁翠，匍匐生长在山间林下阴湿的地方，直立的茎干高不盈尺，人们习称"老勿大"。叶子和茶叶相像，因此也被叫作"矮地茶"。紫金牛治肿毒，解蛇毒，救中暑，是人们常用的土药，习见于中国长江以南和日本北海道、四国、九州一带的丘陵地带。

　　日本在过年时，也喜欢用一些结红果的植物用来装饰家居，还依着紫金牛属的另一种年宵红果植物"百两金"（*Ardisia crispa*）的名字，把虎刺（*Damnacanthus indicus*）、紫金牛（*Ardisia japonica*）、草珊瑚（*Sarcandra glabra*）、朱砂根（*Ardisia crenata*）、蔓楂（*Skimmia japonica* var. *intermedia* f. *repens*）依次冠以了一两、十两、千两、万两、亿两之名，如果家里都摆着，真是红红火火、大吉大利。

　　薮柑子在日本栽培历史悠久，古名"山橘"，从江户时代就开始对它进行改良培育，产生了很多不同的园艺品种，现在约保存了 40 个，叶面斑纹各异。在明治年间，薮柑子大为流行，有些斑叶品种价格相当于现代的 1000 万日元，甚至有人卖掉了田产来经营薮柑子，为此，新潟县在明治三十一年专门颁布了"薮柑子取缔规则"来打击这种投机行为。一直到大正之后，随着培育技术的成熟，对薮柑子的热度才逐渐消退，趋于正常。

　　薮柑子畏光喜湿，耐寒性强，容易栽培，日常只要放在背阴处，确保土壤潮湿，春天和秋天果子结成后，各施一次缓释肥就能保证薮柑子花繁果艳。繁殖薮柑子可播种，也可分株。采下成熟果实后，洗出种子，放在冰箱内保存，到 3 月中旬下播。分株一般在春天进行，薮柑子地下茎发达，分株繁殖十分容易。

薮柑子

山野草习性分解表

日文译名	中文名	学名	形态	光照要求	水分要求	湿度要求	耐寒性	耐热性	需肥要求	繁殖
姬砥草	小商木贼	Equisetum scirpoides subsp. walkowiaki	半常绿	向阳/半阴	湿	高	正常	正常	低	分株
千岛姬砥草	斑纹木贼	Equisetum variegatum	半常绿	向阳/半阴	湿	高	正常	正常	低	分株
常盘忍（石化）	杯盖阴石蕨（石化）	Humata griffithiana	常绿	半阴	湿	高	稍弱	正常	正常	分株
一叶岩垂	华北石韦	Pyrrosia davidii	常绿	半阴	湿	高	稍弱	稍弱	略高	分株/孢子繁殖
岩面高（高丽狮子）	戟叶石韦（高丽狮子）	Pyrrosia hastata	常绿	半阴	湿	高	正常	稍弱	正常	分株
三色叶蕺菜	花叶鱼腥草 'Bobo'	Houttuynia cordata 'Bobo'	落叶	半阴	湿	正常	正常	正常	正常	分株
五色叶蕺菜	花色叶鱼腥草	Houttuynia cordata 'Variegata'	落叶	半阴	湿	正常	正常	正常	正常	分株
石菖	金钱蒲	Acorus gramineus	常绿	阴/半阴	湿	高	正常	正常	低	分株
乙女拟宝珠	秀丽玉簪	Hosta venusta	落叶	半阴	湿	正常	正常	正常	正常	分株
野州花石菖	野州花石菖	Tofieldia nuda var. furusei	常绿	向阳	湿	正常	正常	稍弱	高	分株
汉拿石菖蒲	汉拿石菖蒲	Tofieldia fauriei	常绿	向阳	湿	正常	正常	稍弱	高	分株
达摩杜鹃草	小台湾油滴草 'Daruma'	Tricyrtis formosana 'Daruma'	落叶	半阴	正常	正常	弱	正常	略低	分株
菝草菖蒲	大花丽白花	Libertia grandiflora	常绿	向阳	湿	正常	弱	正常	正常	分株
黄花庭菖蒲	黄花庭菖蒲	Sisyrinchium californicum	常绿	向阳	湿	正常	稍弱	正常	正常	分株
屋久岛捩花	屋久岛绶草	Spiranthes sinensis var. amoena f. gracilis	落叶	半阴	湿	正常	正常	正常	正常	分株/播种
白鹭蚊帐吊	白鹭莞、星光草	Rhynchospora colorata	落叶	向阳	湿	高	稍弱	正常	正常	分株/播种
姬蒲普	鳞苞藨草	Scirpus hudsonianus	落叶	向阳	湿	正常	正常	稍弱	正常	分株/播种
里叶草	风知草	Hakonechloa macra	落叶	半阴	正常	正常	正常	正常	略低	分株/播种
十和田苇	五彩叶鹬草 'Tricolor'	Phalaris arundinacea 'Tricolor'	落叶	向阳	湿	高	正常	正常	略低	分株/播种
纪州荻	金丝草	Pogonatherum crinitum	落叶	向阳	正常	正常	稍弱	正常	低	分株/播种
黑轴刈安	金发草	Pogonatherum paniceum	常绿	向阳	正常	正常	稍弱	正常	正常	分株/播种
桃色半钟蔓（伊丽莎白）	红花绣球藤 'Elizabeth'	Clematis montana var. rubens 'Elizabeth'	常绿	向阳	正常	高	稍弱	稍弱	略低	扦插
丝盘凤花	松叶毛茛	Ranunculus reptans	落叶	半阴	湿	高	正常	弱	略低	压条
西洋云间草	爱得虎耳草	Saxifraga × arendsii	常绿	向阳	正常	正常	正常	弱	高	分株/扦插
大文字草	大文字草	Saxifraga fortunei var.	常绿	阴	湿	高	正常	弱	正常	分株
那智泡盛草	日本落新妇	Astilbe japonica	落叶	半阴	湿	高	正常	稍弱	略低	分株/播种
一叶升麻	单叶落新妇	Astilbe simplicifolia	落叶	半阴	湿	高	正常	稍弱	略弱	分株/播种
雪之下	虎耳草	Saxifraga stolonifera	常绿	阴	湿	高	正常	稍弱	低	分株/珠芽

日文译名	中文名	学名	形态	光照要求	水份要求	湿度要求	耐寒性	耐热性	需肥要求	繁殖
春雨草	耐阴虎耳草	Saxifraga × urbium	常绿	阴	正常	正常	正常	弱	低	播种
痛取	虎杖	Fallopia japonica	落叶	向阳	正常	正常	正常	正常	低	分株/扦插
弟切草	小连翘	Hypericum erectum	落叶	向阳	湿	正常	正常	正常	略低	播种
茑堇	肾叶堇	Viola banksii	常绿	半阴	湿	正常	稍弱	正常	高	分株/压条
南山堇	南山堇	Viola chaerophylloides	落叶	半阴	湿	正常	正常	正常	略低	播种/分株
红鹤堇	红鹤堇	Viola chaerophylloides 'Benibana Nanzan'	落叶	半阴	湿	正常	正常	正常	略低	播种/分株
矶堇	矶堇	Viola grayi	半常绿	向阳/半阴	正常	正常	正常	稍弱	略低	播种/分株
堇	东北堇菜	Viora mandshurica	落叶	半阴	湿	正常	正常	正常	略低	播种/分株
小诸堇	小诸堇	Viora mandshurica f. plena	落叶	半阴	湿	正常	正常	正常	略低	播种/分株
一花堇	东方堇菜	Viola orientalis	落叶	半阴	正常	正常	正常	弱	略低	播种/分株
鸟足堇	鸟足堇	Viola pedata	落叶	向阳/半阴	正常	正常	正常	弱	略低	播种/分株
礼文草	礼文草	Oxytropis megalantha	落叶	向阳	正常	正常	正常	稍弱	正常	播种/芽插/分株
春委陵菜	细曼委陵菜	Potentilla neumanniana	常绿	向阳	正常	正常	正常	正常	高	扦插
耽罗吾亦红	小地榆	Sanguisorba officinalis var. microcephala	落叶	向阳	正常	正常	正常	正常	正常	播种
姬风露	屋久岛小苍	Erodium × variabile	常绿	向阳/半阴	正常	正常	正常	稍弱	正常	播种/扦插
屋久岛小苍	水甘草	Lysimachia japonica var. minutissima	常绿	半阴	湿	正常	正常	稍弱	略低	压条
丁字草	小叶韩信草	Amsonia elliptica	落叶	向阳	正常	正常	正常	正常	正常	播种
天鹅绒立浪草	纱罗叶大叶子	Scutellaria indica var. parvifolia	落叶	向阳	正常	正常	正常	正常	略低	播种/分株
纱罗叶大叶子	龟甲白熊	Plantago major	常绿	向阳	正常	正常	正常	正常	略低	播种/分株
龟甲白熊	金华山小浣菊	Ainsliaea apiculata	落叶	半阴	正常	正常	正常	正常	正常	播种
金华山小浣菊	济州岩菊	Chrysanthemum yezoense	落叶	向阳	湿	正常	正常	稍弱	低	分株/播种
济州岩菊	灰毛垫状菊	Chrysanthemum zawadskii subsp. coreanum	落叶	向阳	正常	正常	正常	稍弱	略低	分株/播种/扦插
姬里白助章菊	小大吴风草	Dymondia margaretae	常绿	向阳	正常	正常	正常	稍弱	低	分株
姬石路	大吴风草	Farfugium japonicum	常绿	半阴	正常	正常	稍弱	正常	正常	分株/播种
石路	旱地峰薄雪草	Leontopodium hayachinense	常绿	半阴	正常	正常	正常	稍弱	正常	分株/播种
旱地峰薄雪草	掌叶兔儿伞	Syneilesis palmata	落叶	向阳	正常	正常	正常	弱	低	分株
破伞	铜锤玉带草	Lobelia angulata	常绿	半阴	正常	正常	正常	正常	高	分株/根培/播种
大实紫苔桃	红花紫斑风铃草	Campanula punctata 'Akebono'	落叶	向阳	正常	正常	正常	稍弱	略低	压条/播种
曙蚕袋										分株

日文译名	中文名	学名	形态	光照要求	水分要求	湿度要求	耐寒性	耐热性	需肥要求	繁殖
枝花风铃草	枝花风铃草	Campanula raddeana	落叶	半阴	正常	正常	正常	稍弱	正常	分株
松虫草	日本蓝盆花	Scabiosa japonica	落叶	向阳	湿	正常	正常	正常	高	分株/播种/扦插
浦岛草	浦岛草	Arisaema thunbergii subsp. urashima	落叶	阴	正常	正常	正常	正常	正常	分株
白马浅葱	白马浅葱	Allium schoenoprasum var. orientale	常绿	向阳	正常	正常	正常	稍弱	高	分株
独逸铃兰	德国铃兰	Convallaria majalis	落叶	半阴	正常	正常	正常	正常	正常	分株
姬萱草	小萱草	Hemerocallis dumortierii	落叶	向阳	正常	正常	正常	正常	正常	分株
乙女百合	小百合	Lilium rubellum	落叶	向阳	正常	正常	正常	弱	正常	分球
姬舞鹤草	舞鹤草	Maianthemum bifolium	落叶	半阴	正常	正常	正常	稍弱	略低	播种/分株
万年青	万年青	Rohdea japonica	常绿	半阴	正常	正常	稍弱	正常	略低	分株/削子芽吹
笛吹水仙	垂筒花	Cyrtanthus mackenii	落叶	向阳	正常	正常	稍弱	正常	低	播种/分株
樱茅	樱茅	Rhodohypoxis baurii var.; Hypoxis parvula	落叶	向阳	正常	正常	稍弱	正常	正常	分株
白鹭草	白鹭草	Pecteilis radiata	落叶	半阴	正常	正常	正常	正常	略低	分株
黑发兰	黑发兰	Ponerorchis graminifolia var. karokamiana	落叶	半阴	正常	正常	正常	正常	略低	分株
碇草	块根大花淫羊藿	Epimedium grandiflorum var. thunbergianum	落叶	半阴	正常	正常	正常	稍弱	高	分株/播种
白雪芥子	血水草	Eomecon chionantha	落叶	半阴	正常	正常	正常	正常	正常	分株/播种
深山苧环	白山楼斗菜	Aquilegia japonica	落叶	半阴	正常	正常	正常	稍弱	正常	播种/分株
二色风铃苧环	无距楼斗菜	Aquilegia ecalcarata	落叶	半阴	正常	正常	正常	弱	正常	播种/分株
八重金凤花	重瓣匍枝毛茛	Ranunculus repens 'Gold Coin'	常绿	半阴	正常	正常	正常	稍弱	正常	分株/压条
筑紫唐松草	筑紫唐松草	Thalictrum kiusianum	落叶	半阴	正常	正常	正常	稍弱	正常	分株
梅花唐松草	芸香唐松草	Thalictrum thalictroides	落叶	半阴	正常	正常	正常	稍弱	高	分株
丹顶草	橄叶草	Mukdenia rossii	落叶	半阴	正常	高	正常	稍弱	略低	分株
白毛梅钵草	鸡心梅花草	Parnassia crassifolia	落叶	半阴	正常	高	正常	弱	略低	分株/播种
屋久岛梅钵草	屋久岛梅花草	Parnassia palustris var. yakusimensis	落叶	半阴	正常	高	正常	弱	略低	分株/播种
神津岛梅钵草	神津岛梅花草	Parnassia palustris var. izuinsularis	落叶	半阴	湿	高	正常	弱	略低	分株/播种
地中海藤叶仙客来	常春藤叶仙客来	Cyclamen neapolitanum	落叶	半阴	正常	正常	正常	稍弱	略低	播种
九盖草	腹水草	Veronicastrum japonicum var. humile	落叶	向阳	正常	正常	正常	正常	正常	播种/分株
矮性桔梗	矮性桔梗	Platycodon grandiflorus	落叶	向阳	正常	正常	正常	正常	正常	播种/插枝/分株
姬柑子	平铺白珠树	Gaultheria procumbens	常绿	半阴	正常	正常	正常	正常	高	分株/播种
岩南天	圭介木藜芦	Leucothoe keiskei	常绿	半阴	正常	正常	正常	弱	正常	扦插
薮柑子	紫金牛	Ardisia japonica	常绿	阴	正常	正常	正常	正常	正常	分株